可控自然语言生成研究

高 扬　黄河燕　著

科学出版社

北 京

内 容 简 介

本书基于当前自然语言生成的研究现状，探究自然语言生成中的可控性。利用预训练语言模型中的知识，将可解释信息用于可控生成过程，包括将概念语义和特征属性用于生成模型的构建思路和基本算法。本书内容包括绪论、基于概念网络的文摘生成、可解释信息抽取、概念语义可控摘要生成、可控文本生成方法和基于提示的文本生成控制。

本书可作为人工智能、自然语言处理、大数据等专业研究生教材或教学参考书，也可供自然语言处理相关专业的工程技术人员阅读参考。

图书在版编目(CIP)数据

可控自然语言生成研究 / 高扬，黄河燕著. —北京：科学出版社，2022.12
ISBN 978-7-03-072967-5

I. ①可…　Ⅱ. ①高…　②黄…　Ⅲ. ①自然语言处理-研究　Ⅳ. ①TP391

中国版本图书馆 CIP 数据核字（2022）第 153427 号

责任编辑：赵丽欣　王会明 / 责任校对：赵丽杰
责任印制：吕春珉 / 封面设计：东方人华平面设计部

科 学 出 版 社 出版
北京东黄城根北街 16 号
邮政编码：100717
http://www.sciencep.com
北京九州迅驰传媒文化有限公司 印刷
科学出版社发行　　各地新华书店经销

*

2022 年 12 月第 一 版　　开本：787×1092　1/16
2023 年 10 月第二次印刷　　印张：8 1/2
字数：201 000

定价：95.00 元
（如有印装质量问题，我社负责调换〈九州迅驰〉）
销售部电话 010-62136230　编辑部电话 010-62134021

前　言

近年来，随着大数据时代的到来，信息技术的发展发生了巨大变化，并深刻影响着社会生产和人民生活的方方面面。互联网的普及和发展使海量文本、图像和视频在内的数据信息呈现指数增长的趋势。在这种背景下，深度学习技术也得到了令人瞩目的发展。依托于深度学习技术，自然语言处理技术也发生了突飞猛进的变化。在自然语言处理相关任务中，文本生成是一项富有挑战性的任务。文本生成包含的具体任务有摘要生成、数据到文本生成、复述生成、对话生成、故事生成、看图写作、视频描述生成等。

本书以摘要生成作为切入点，论述在文本摘要生成任务中概念信息运用的重要性。文本摘要的目的是将一段长文本浓缩成一段短文本，在减少文字的同时，尽可能地保留长文本的核心内容。与在原文中直接选择语句作为摘要的抽取式摘要不同，生成式文本摘要的核心任务是在现代文本生成框架下，即基于序列到序列的深度神经网络，在每个生成时刻从大量词表中选择最符合生成概率的单词作为生成摘要输出，最终组成文本摘要。

预训练语言模型加下游标注数据微调方法已成为解决大部分自然语言处理任务的首要选择方案，文本生成相关任务也是如此。然而，文本生成技术发展受限于模型生成的多样性、可控性以及相关的评价体系等问题。

本书着眼于可控生成的问题，从概念选择、可解释信息抽取、可控生成等方面详述该问题的解决方案。可控的前提是可解释，即对所生成文本可以直观解释，或者将生成的文本映射到可供解读的知识体系和属性中。基于该解释框架，对于自然语言生成模型则根据所需要的属性概念进一步控制所生成的文本内容，进而服务于具体的生成任务。此外，本书还扩展介绍了可控生成技术在不同文本生成任务中的表现和特点，包括风格迁移控制、属性控制、提示学习控制等，充分说明了可控生成技术可扩展性的重要性和该技术的应用前景。

本书的出版得到国家重点研发计划（项目编号：2016QY03D0602）和国家自然科学基金联合基金项目（项目编号：U21B2009）的资助。作者团队提出的方法在 2.2 节、2.3 节、3.2 节、第 4 章、5.2 节、6.3 节、6.4 节进行了介绍。

尽管作者团队在自然语言可控生成方面进行了长期研究工作，在本书中对研究成果进行了认真总结。但由于水平所限，不足之处在所难免，敬请读者批评指正。

目　　录

第 1 章
绪　　论

1.1　自然语言生成任务

　　语言和文字是在漫长历史长河中使人类能够将经验与知识代代传承下来的工具，在人类社会交流中不可或缺。自然语言处理（natural language processing，NLP）是研究人类语言的一门学科，是计算机科学领域中的一个重要研究方向。随着近年来深度学习的不断发展，自然语言处理在机器翻译、语音识别、对话系统等很多应用领域大放异彩。

　　自然语言生成（natural language generation，NLG）技术是指利用人工智能和语言学的方法自动生成可理解的自然语言文本，已经成为人工智能的研究热点之一。自然语言生成指的是利用计算机将其可理解的知识库数据、高维编码数据或逻辑形式等机器语言转换成连贯流畅、能让人读懂的自然语言。与之对应的是自然语言理解（natural language understanding，NLU），即将自然语言抽象成计算机可理解的数据等信息。两者均是自然语言处理中最基础的任务，是人机交互中不可缺少的"翻译官"。

　　自然语言生成的应用极为广泛，它常与自然语言理解相结合，先使用自然语言理解将文本编码为数据，再用自然语言生成的方法将这些不可读的数据转换成自然语言，即完成一些文本到数据再到文本的任务，如机器翻译、对话系统、故事续写、自动文摘等。此外，还有的应用需要做到将数据生成文本，如为数据库查询结果编写自然语言表述、逻辑式的表达，将实体-联系图（E-R 图）表达成概括性的解释文本等。自然语言生成方法也可与计算机视觉领域的手段结合，完成一些将图像编码为数据再从数据生成文本的任务，如图片文字识别、看图写作等。

　　在众多有关自然语言生成的任务中，生成式文本摘要（也叫作文本摘要生成）是一种文本到文本的任务，结合使用了自然语言理解与生成任务，是自然语言处理研究领域的重要课题之一。生成式文本摘要的目的在于将一段长文本简化成数句就能表达原文主要思想及重要信息的句子，在减少文字数量的同时，要尽可能保留原文的核心内容。在信息爆炸的今天，这个任务适用于非常多的场景，具有广泛的应用价值。相对于抽取式的文本摘要来说，生成式文本摘要能够自己选择组合什么样的摘要词，更具有灵活性。

1.2　基于知识引导的自然语言生成

知识是人类对物质世界和精神世界探索的结果总和。知识的获取与传递使人类之间能够互通有无，有助于帮助人解决问题，甚至解决一些从未涉足领域的问题，所以说知识就是力量。对于机器来说，如何获取、存储和利用知识，是深度学习领域的一个重要研究课题。人们也希望深度学习模型拥有储存和利用知识的力量。对于没有经过某个领域数据训练的模型，如果能够获取这个领域的知识，就可以省去长时间的训练与调试，从而高效地提高模型在该领域的理解能力。

在自然语言处理领域，关于知识的研究可以分为知识的获取和知识的表达两方面。知识获取方面的技术有实体识别、关系抽取等，利用这些技术可以获取文本中实体之间的关系，从而构建知识图谱，保存丰富的知识信息。知识的表达旨在利用知识帮助模型在具体任务上做决策。

现代自然语言生成方法中流行的是序列到序列（sequence to sequence）模型，它在各种生成任务中都取得了不错的效果。但由于这种方法缺乏对知识的理解与建模，常出现生成文本的重复、病句、错误理解和逻辑性差等问题。此前已有许多研究尝试在生成时引入外部知识，使模型生成的文本更有逻辑性或知识性。根据引入知识的侧重点不同，这些研究获取的效果也是不同的。

在知识引入文本生成的相关研究中，目前一个值得关注的方向是与预训练模型相结合。预训练模型是当前自然语言处理领域的一个热点，依托于海量数据，在不断的训练迭代中获取固定模式，习得自然语言的用语表达，这个过程其实就是从庞杂的数据中获取知识。一般来说，基于深度学习的模型训练需要有人工标注的数据来帮助训练，但在实际中，有标注的数据是稀缺的，并不足以支持预训练模型的训练。好在真实可读的流畅文本并不缺乏，且这样的文本数据量极其庞大，所以工程师为了将无标注的数据应用于预训练模型的训练，设置了各种预训练任务。使用这样的预训练任务就可以利用未标注的文本对模型进行训练，获取固定模式，最后将海量训练文本中的知识蕴含在预训练模型内。

预训练模型中蕴含的知识并不像书本中的知识那样直观可读，而是隐含于预训练模型的庞大参数中。以 BERT（bidirectional encoder representation from transformers，变压器的双向编码器表示）为例，基本的 BERT 参数量达到 1.1 亿个，如何从这样的预训练模型中将隐含的知识表达出来，并应用于具体的下游任务中，目前学者们做了许多研究。许多工作应用了预训练模型的编码能力，如使用有上下文信息的词表示来作序列标注，或使用编码了全句信息的特殊词，用于句子分类、回归任务等。

　　将预训练模型中的知识运用于文本生成领域是富有挑战性的，这是因为以 BERT 为代表的语言理解预训练模型只进行了编码器的表征学习。基于序列到序列的语言生成不仅依赖编码器获取源文本的语义表示，还需要解码器对目标文本进行序列预测。

1.3　文本生成的可解释性与可控性

　　人工智能技术发展至今，基于深度学习的模型在一些方面的表现已经能够与人类媲美，甚至在围棋这样的长期布局与决策活动上能够超越人类专业选手的水平。但是，由于许多基于神经网络的技术是端到端的训练，其内部的决策过程是不透明的，因而被称为黑盒模型。人们只知道黑盒模型的输出结果，却不知道模型为什么输出这个结果，不知道模型决策时关注的重点，知其然而不知其所以然，这样不利于理解和改动模型。这种"神秘"而不可控的模型，难以被人们所认可和信任。

　　最近几年深度学习发展迅速，但基于深度学习的实际应用多数在娱乐、消费或辅助的产品中。在对安全性要求较高的领域，如驾驶、救援、医疗等领域，因为人们担忧安全隐患和工程伦理问题，难以真正推广。这归根结底是因为人们难以将自身安危托付于一个充满神秘感的黑盒模型。如果能够使模型的决策有更好的可解释性，并且能够用一定的方法控制这个决策过程，那么人们对模型的信任度也会提高。

　　深度学习模型的可解释性不需要解释清楚每一个具体部件的含义和作用，而是将模型的一些可理解的中间量展示出来，便于人类对其进行理解和控制。如果把模型比作一个复杂的机械设备，可解释信息就像是使用者能够从设备外部观察到的一些面板值，可控性就好比是这个设备的操作杆，使用者可以通过可解释信息观察模型的运转情况，在出错时通过可解释信息去定位错误发生在什么阶段，用可控的方法对症下药。

　　在文本生成方面，生成模型的可控性也受到许多关注。这是因为模型在每生成一个词时，将神经网络的输出投影到一个词表大小的概率分布上，在这个分布中采样即将生成的词，由于词表很大，且其中存在许多概率较低的长尾词，模型更倾向于生成概率大的常见词，所以常生成一些重复的、一般的甚至与常识相违背的文本。可控文本生成就是希望能控制生成过程，利用外部信息指导模型提高或降低某些词的生成概率，从而生成更符合期望的具有特定情感、特定领域或特定文风的文本。

　　在摘要生成任务中，模型每次的决策是选择一个词，长期决策是生成一个完整的句子，但这是一个黑盒决策过程，并没有解释原文本中哪些词句的重要性高。对于一个可解释的文本生成模型来说，能够把文章中包含的可解释信息有效地提炼出来，会帮助模型更好地理解文章语义，同时也能提升系统生成摘要的质量。在编码阶段的信息抽取时，期望能够利用句子之间的关系,替代传统的句子与文章相似度计算的方式,缓解信息不平衡、信息损失的问题,同时在此基础上,可以为机器建模相关性、信息性等细粒度信息,使信息抽取的过程打破黑盒决策的方式,在增加可解释性的同时,帮助机器更好地理解关于这些属性的信息,即确定候选摘要的信息量、是否与文章相关,以及候选摘要能否提高整体摘要的新颖程度。

摘要生成模型具备对文摘可解释性的建模之后,要以可控的方法引导模型可控制地依据上述可解释的属性对原文内容进行总结。

本 章 小 结

在信息技术和深度学习迅速发展的今天,自然语言处理是计算机领域的一个重要研究子领域。本章介绍了自然语言生成技术的概念,当前的自然语言生成模型多用编码-解码模型,虽然取得了一定的成效,但也存在一些问题。外部知识的引入有助于缓解现在文本生成模型的一些问题。当前主流的方法是将预训练模型中的知识表达出来辅助文本生成过程。

在知识的获取和使用方法中,提高抽取模型的可解释性,获取句子之间的显式关系是一种知识的获取、使用方式。

第2章
基于概念网络的文摘生成

在文摘生成任务中,一种被广泛应用的框架是编码-解码(encoder-decoder)框架[1-2]。近年来,注意力机制[3]的兴起带动了深度学习各个任务的变革,其中也包括文摘生成。基于编码-解码框架和注意力机制的生成式摘要模型能生成质量较高的文摘,但是依然存在文摘抽象层次不高的问题。模型在生成文摘时较难生成更抽象、更具总结性的词汇,主要是因为模型很难从词表中选择符合当前语义的抽象性词汇输出。基于这种状况,提出了单概念指针生成器网络:先从微软概念图中找到文本的每个单词对应的一个概念词,然后给予这个概念词一定的输出概率。但是微软概念图中的概念词义与文本语义可能不符,为了使模型更加稳定,又提出了多概念指针生成器网络:先从微软概念图中找到文本的每个单词对应的多个候选概念词,再从这些候选概念词中选择合适的概念词作为单词的最终概念词,最后给予这个概念词一定的输出概率。

本章2.2节介绍的团队原创工作是从一个庞大的知识库中选择一组特定于单词的一个或多个概念,并保留概念在知识库中针对该单词的概率分布,其中每个概率表示单词属于该概念的强度。另外,考虑单词在文本中的语义信息,在多概念模型中相应地对概念图中的概率分布做了一些修正,以便更好地解释单词。此外,还分别使用强化学习和远程监督方式训练模型,进一步提升模型的表现。

2.1 序列到序列文本生成技术

2.1.1 语言模型

语言模型是自然语言处理领域的一个基本而又重要的模型,是为了使计算机能够理解自然语言而构建的模型,它主要是计算由一个单词序列组成一个句子的概率。其中,统计语言模型的目标是学习语言中单词序列 $S=\{w_1, w_2, \cdots, w_n\}$ 的联合概率 $P(S)$,即

$$P(S) = \prod_{t=1}^{n} P\left(w_t \mid w_1^{t-1}\right) \tag{2.1}$$

式中，w_t 为句子中的第 t 个词；$w_i^j = (w_i, w_{i+1}, \cdots, w_j)$ 为句子的子序列。

当 t 为 1 或 2 时，利用式（2.1）能够轻易地计算出句子的联合概率，但是随着 t 的增大，计算量会越来越大。

可以利用 n-gram 模型解决计算量的问题。n-gram 是一种基于统计语言模型的算法。它的基本思想是将文本里的内容按照字节进行大小为 n 的滑动窗口操作，形成长度为 n 的字节片段序列。

假设一个词在某个位置出现的概率只与它前面的 $n-1$ 个词有关，这样就大大减少了计算量。根据这个假设，n-gram 模型计算下一个单词的条件概率为

$$P\left(w_t | w_1^{t-1}\right) \approx P\left(w_t | w_{t-n+1}^{t-1}\right) \tag{2.2}$$

n-gram 模型能够仅依赖前 $n-1$ 个单词提供的信息计算下一个单词的出现概率，一定程度上减少了计算量。

但是如果 n 的值偏大，依然会有计算量的问题，而且需要相当规模的训练数据来确定模型的参数。

基于计算量问题的考虑，Bengio 等[4]将神经网络加入语言模型的构建中，提出了基于神经网络的语言模型，模型的结构如图 2.1 所示。神经网络语言模型分为两部分：一部分是利用词特征矩阵获得句子中每个单词的表示，也就是词向量；另一部分是将这些词向量连接起来，然后经过一个隐藏层和一个输出层，最后经过归一化后，输出所预测词的输出概率。

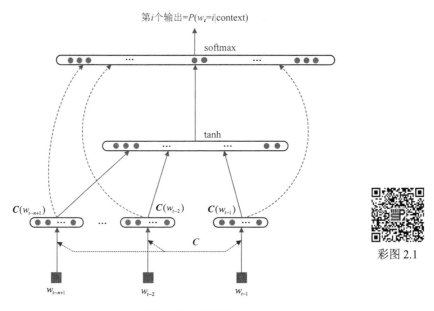

彩图 2.1

图 2.1 神经网络语言模型结构[4]

图 2.1 中的 $C(w_i)$ 表示第 i 个单词的词向量，其中 C 表示单词到词向量的映射，是

一个参数矩阵，大小为 $|V| \times m$，V 是词表大小，m 是每个单词特征的数量。然后将每个单词的词向量按顺序串联拼接作为输入序列，串联公式为

$$x = \left(C\left(w_{t-n+1} \right), \cdots, C\left(w_{t-2} \right), C\left(w_{t-1} \right) \right) \tag{2.3}$$

然后经过 tanh 函数，映射为下一个单词的条件概率分布，公式为

$$y = b + Wx + U\mathrm{tanh}\left(d + Hx \right) \tag{2.4}$$

式中，W、U、H 为权重参数；b 为输出偏差；d 为隐藏层偏差；y 为未经过归一化的输出概率。

然后再对 y 进行归一化后得到最终的输出概率分布，而训练的目标就是要最大化所预测词的概率。

基于神经网络的语言模型通过神经网络建模，不仅使相似的单词可以分享训练学习得到的权重信息，而且也能够更好地处理之前没有遇见过的句子。

2.1.2　循环神经网络及其变体

循环神经网络（recurrent neural network，RNN）是一种用来分析时间序列数据的神经网络。传统的神经网络思想认为，输入信息之间是相互独立的，但是实际情况却并不都是这样。例如，如果要预测句子中的下一个词，那么知道前面词语的信息对于预测的帮助是很大的。循环神经网络就是这样一种将前一时刻的信息作为输入来计算当前时刻任务的神经网络。循环神经网络之所以称为循环网络，一方面是因为循环神经网络对输入序列中的每个元素都执行相同的任务；另一方面是因为循环神经网络能够捕获到当前时刻为止已经计算过的信息。

循环神经网络单元的内部结构如图 2.2 所示。输入信息是前一时刻的隐藏层信息 h_{t-1} 和当前时刻的输入信息 x_t，然后经过 tanh 激活函数，得到当前时刻的隐藏层信息 h_t，循环神经网络模型中的每个输入信息都要执行这一任务，其结构展开图如图 2.3 所示。图 2.3 中的每个圆圈表示的是图 2.2 所示的单个单元结构。

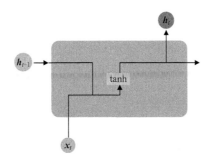

彩图 2.2

图 2.2　循环神经网络单元的内部结构

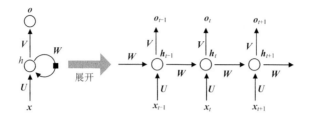

图 2.3　循环神经网络模型展开结构

在图 2.3 中，x 表示输入序列，在文摘任务中一般表示输入的文本信息；x_t 表示序列中的第 t 个单词的信息；U、W、V 表示模型中的权重参数矩阵，在传统的神经网络中不同层使用的参数不同，但在 RNN 模型的所有步骤中共享权重参数，这极大地减少了学习参数的数量，使学习效率更高；h_t 表示模型在时刻 t 的隐藏层状态信息，可以表示网络的记忆，h_t 包含时刻 t 之前所有时刻的信息，有

$$h_t = f\left(Ux + Wh_{t-1}\right) \qquad (2.5)$$

式中，函数 f 是非线性的，一般是 tanh 函数或者是 ReLu 函数；h_0 的状态一般被初始化为全 0。

有时，h_t 并不一定是时刻 t 最终的输出，比如在预测句子的下一个词时，输出是词汇表中的概率分布，则计算公式为

$$O_t = \mathrm{softmax}\left(Vh_t + b\right) \qquad (2.6)$$

式中，b 为偏置矩阵；O_t 为词表中的概率分布。

循环神经网络中某个时刻 t 的输出不仅依赖之前时刻的信息，也依赖后续时刻的信息。例如，预测序列中缺失的词，则之前时刻和后续时刻的词的信息都是很重要的，于是，Schuster 等[5]提出了双向循环神经网络，通过将前向循环神经网络和后向循环神经网络连接在一起来获得之前时刻和后续时刻的信息。t 时刻的输出隐藏层信息 h_t 是由前向循环神经网络 t 时刻的输出信息 $\overrightarrow{h_t}$ 和后向循环神经网络 t 时刻的输出信息 $\overleftarrow{h_t}$ 拼接而得到的，经过拼接后的 h_t 就包含了之前时刻和后续时刻的所有信息。一般的拼接公式为

$$h_t = \mathrm{concat}\left(\overrightarrow{h_t}, \overleftarrow{h_t}\right) \qquad (2.7)$$

循环神经网络能够很好地处理时序数据，但是仅限于较短的数据序列。当数据序列过长时，可能会出现梯度消失或梯度爆炸的情况，即由于过长的链式求导，导致接近 0 或较大的梯度多次相乘，总梯度被指数级地缩小或放大，出现模型难以训练的问题。而且对于长序列数据，若序列中距离较长的两个单词之间具有依赖关系，则循环神经网络很难发现这种关系。为了缓解这些问题，Hochreiter 等[6]提出了长短期记忆（long short term memory，LSTM）模型，之后 Gers[7]对 LSTM 模型做了进一步的改进。

　　LSTM 是 RNN 的特殊类型，通过刻意的设计来解决序列信息长期依赖的问题。LSTM 模型在解决很多问题时取得了相当不错的效果，并得到了广泛的使用。

　　LSTM 具有和 RNN 相同的重复模块链，不同的是 RNN 模型只包含 1 层神经网络，而 LSTM 模型拥有 4 层交互神经网络层，其模型单元结构如图 2.4 所示。

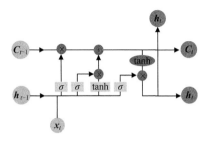

彩图 2.4

图 2.4　LSTM 模型单元结构

　　在图 2.4 中，每条线上传递着向量，箭头方向代表传递的方向；圆圈里面的符号分别代表向量相加、逐点相乘和 tanh 操作；方框代表神经网络层，合在一起的线表示向量的连接，分开的线表示向量被复制成相同的两份。

　　LSTM 模型通过设计一种称为门（gates）的结构来实现信息的添加或删除。门结构可以通过 sigmoid 神经层和逐点相乘操作来选择性地让信息通过。其中 sigmoid 的输出是 0～1 的实数，表示保留的权重。LSTM 模型共有 3 个门结构，分别是输入门、遗忘门和输出门。遗忘门决定从细胞状态中丢弃一部分信息，遗忘门的输入是上一时刻的隐藏层信息和当前时刻输入的信息，然后经过 sigmoid 函数，输出 0～1 的数值决定 C_{t-1} 保留的信息量。计算公式为

$$f_t = \sigma\left(W_f\left[h_{t-1}x_t\right] + b_f\right) \tag{2.8}$$

式中，h_{t-1} 为上一时刻的隐藏层信息；x_t 为当前时刻输入的信息；W_f、b_f 为训练参数；σ 为 sigmoid 函数；f_t 为保留信息的权重。

　　LSTM 模型中的输入门决定让多少新的信息加入当前细胞状态中。首先通过 sigmoid 层决定信息更新的权重，然后由 tanh 层生成备选的新信息，最终把这两部分联合起来，对细胞状态进行更新。计算公式为

$$i_t = \sigma\left(W_i\left[h_{t-1}x_t\right] + b_i\right) \tag{2.9}$$

$$\widetilde{C}_t = \tanh\left(W_c\left[h_{t-1}x_t\right] + b_c\right) \tag{2.10}$$

式中，i_t 为信息更新的权重；$\widetilde{C}_t$ 为备选的新的信息；W_i、b_i、W_c、b_c 为训练参数。现在有了前一个细胞状态的信息及保留信息的权重，也有了新的信息和更新的权重，然后

将旧信息和新信息联合起来生成最终的当前细胞状态的信息。计算公式为

$$C_t = f_t C_{t-1} + i_t \widetilde{C}_t \qquad (2.11)$$

式中，C_{t-1} 为前一个细胞状态的信息；C_t 为融合前一个细胞状态的信息和新信息之后的当前细胞状态的信息。

LSTM 模型的输出门决定当前细胞状态的输出值，首先通过 sigmoid 层决定输出信息的权重，然后将当前细胞状态通过一个 tanh 层进行处理，最终将这两个信息联合起来作为最终当前细胞状态的隐藏层信息输出。计算公式为

$$o_t = \sigma\left(W_o\left[h_{t-1}, x_t\right] + b_o\right) \qquad (2.12)$$

$$h_t = o_t \tanh\left(C_t\right) \qquad (2.13)$$

式中，o_t 为输出信息的权重；h_t 为当前细胞状态的隐藏层信息；W_o、b_o 为训练参数。

可以将前向 LSTM 网络和后向 LSTM 网络组成双向 LSTM 网络，同时也可以由多个双向 LSTM 网络组成多层双向 LSTM 网络等。多层 LSTM 网络能够获取输入序列更加抽象的特征信息。

LSTM 的细胞结构并不都是相同的，大部分 LSTM 的使用者都会对其进行微小的更改，如 Greff 等[8]提出的基于时钟循环神经网络（clockwork RNN，CW-RNN）模型、Cho 等[1]提出的门控循环神经网络（gate recurrent unit，GRU）。Greff 等[8]对这些变体进行了比较分析，发现效果差别不大。其中，GRU 将遗忘门和输入门合成一个更新门，而且混合了细胞状态和隐藏层状态，大大减少了复杂度，成为非常流行的循环神经网络变体。

2.1.3　编码-解码框架

编码-解码框架由 Kalchbrenner 等[2]和 Cho 等[1]提出并完善，主要用来解决序列到序列的问题。编码是指将输入序列转换成一个固定长度的向量，解码是指将这个固定长度的向量转换成输出序列。当输入和输出都是序列时，编码-解码框架在这些任务中能取得很好的效果。例如，在机器翻译任务中，输入是待翻译的文本序列，输出是翻译后的文本序列；在语音识别任务中，输入是声学特征序列，输出是识别文本序列。编码-解码框架的结构如图 2.5 所示。

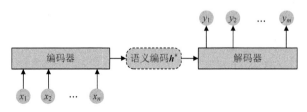

图 2.5　编码-解码框架的结构

编码器将输入序列 $\boldsymbol{x} = (x_1, x_2, \cdots, x_n)$ 中的每个单词 x_i 转换成一个固定长度的词向量 $\boldsymbol{x}_i$，再将每个词的词向量输入神经网络中，获取对应的隐藏层信息 $\boldsymbol{h}_i$。转换公式为

$$\boldsymbol{h}_t = F(\boldsymbol{h}_{t-1}, \boldsymbol{x}_t) \tag{2.14}$$

式中，函数 F 表示神经网络，可以是 RNN、LSTM、GRU 等模型单元。

可以用双向 LSTM 模型作为编码器进行编码，通过双向 LSTM 之后会获得各单词的隐藏层信息 $(\boldsymbol{h}_1, \boldsymbol{h}_2, \cdots, \boldsymbol{h}_n)$，然后联合这些隐藏层信息，生成最后的包含整个上下文信息的语义信息 $\boldsymbol{h}^*$，即

$$\boldsymbol{h}^* = f(\boldsymbol{h}_1, \boldsymbol{h}_2, \cdots, \boldsymbol{h}_n) \tag{2.15}$$

式中，f 为联合隐藏层信息的方式。

最简单的方式是用最后的隐藏层信息表示输入序列的信息，即

$$\boldsymbol{h}^* = f(\boldsymbol{h}_1, \boldsymbol{h}_2, \cdots, \boldsymbol{h}_n) = \boldsymbol{h}_n \tag{2.16}$$

在解码阶段，解码器根据语义向量 $\boldsymbol{h}^*$ 和之前时刻的输出信息来预测当前时刻的输出，即

$$\boldsymbol{y}_t = g(\{y_1, y_2, \cdots, y_{t-1}\}, \boldsymbol{h}^*) \tag{2.17}$$

式中，g 为解码器解码的方式，可以是 RNN、LSTM、GRU 等；$\boldsymbol{y}_t$ 为第 t 时间步预测得到的词。

在使用编码解码框架的生成式文摘任务中，在解码过程中还需要解码器端在该时间步的隐藏层信息 $\boldsymbol{s}_t$，然后经过 softmax 进行归一化，得到输出词表的输出概率分布。计算公式为

$$\boldsymbol{b}_t = \text{LSTM}(\boldsymbol{y}_{t-1}, \boldsymbol{s}_t, \boldsymbol{h}^*) \tag{2.18}$$

$$\boldsymbol{p}_t = \text{softmax}(\boldsymbol{W}\boldsymbol{b}_t) \tag{2.19}$$

$$\boldsymbol{y}_t = \text{argmax}_i \boldsymbol{p}_t(i) \tag{2.20}$$

式中，$\boldsymbol{W}$ 为权重矩阵；$\boldsymbol{p}_t$ 为输出概率分布。模型取概率分布中概率最大的词作为预测词。

编码-解码框架在很多任务上都取得了很好的效果，但是该框架也存在着明显的不足。一方面，编码器和解码器之间的联系只有一个固定长度的语义向量，这样的向量无法完全保留整个输入序列的信息，尤其是用最后一个词的隐向量作为语义向量时，该向量中几乎不包含输入序列最开始的信息，而且序列越长，这个不足就越明显；另一方面，在解码阶段，输入序列中不同的词对不同时刻解码得到的词的影响力也是不同的，而编码-解码框架却没有考虑这一点，这大大降低了解码器在解码时的准确性。

2.1.4　注意力机制

在编码-解码框架中，编码器和解码器之间仅依靠一个固定长度的语义向量连接，而且在解码阶段这个语义向量并不会改变，这使解码效果会随着输入文本长度的增加而变得越来越差。为了解决这一问题，Bahdanau 等[3]提出了结合注意力机制的编码-解码框架，这也是研究者第一次将注意力机制应用在自然语言处理领域。在解码阶段，该框架会在每个时间步保留输入文本中关于预测词的重要信息，而忽略不重要的信息。因此，不同时刻的解码器会根据注意力机制生成不同的语义向量信息，从而很好地弥补了编码-解码框架的不足。注意力模型结构如图 2.6 所示。

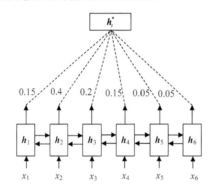

图 2.6　注意力模型结构

在解码时，输入文本中的每个词在不同的时间步有着不同的权重。权重越高，说明越重要，在语义向量中保留的信息也越多；权重越低，说明越不重要，在语义向量中保留的信息也越少。通过注意力机制，极大地提高了编码-解码框架的性能。结合注意力机制的编码-解码框架结构如图 2.7 所示。

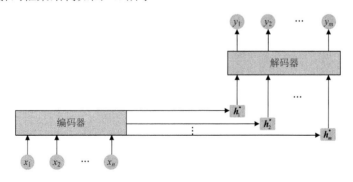

图 2.7　结合注意力机制的编码-解码框架结构

在图 2.7 中，h_t^* $(t=1,2,\cdots,m)$ 是解码器在时刻 t 通过给予输入序列不同的权重分布而生成的不同语义向量信息。h_t^* 输入解码器后，解码器根据上一时刻的输出单词信息、解

码器端的隐藏层信息和文本的向量信息预测当前时刻的单词。计算公式为

$$b_t = \mathrm{LSTM}\left(y_{t-1}, s_t, h_t^*\right) \tag{2.21}$$

在计算得到 b_t 之后，利用式（2.19）和式（2.20）计算可得到预测词。

对比式（2.18）和式（2.21）可以看出，两式唯一的不同就是输入序列的语义向量信息 h_t^*，语义向量在解码的当前时刻保留着对当前预测词影响最大的单词信息，这样就大大提高了解码器的解码效果。

结合注意力机制的编码-解码框架中的语义向量信息 h_t^* 在时刻 t 可以更加关注输入信息中比较重要的单词信息，而忽略不重要的单词信息。该机制的实现是先通过编码器端的隐藏层信息和解码器端的隐藏层信息获取注意力分布，然后根据注意力分布信息来对编码器端的隐藏层信息进行选择，生成最终的语义向量信息 h_t^*。h_t^* 的具体计算公式为

$$e_{t,i} = \boldsymbol{v}^{\mathrm{T}}\tanh\left(\boldsymbol{W}_h \boldsymbol{h}_i + \boldsymbol{W}_s \boldsymbol{s}_t\right) \tag{2.22}$$

$$\boldsymbol{\alpha}_t = \mathrm{softmax}\left(\boldsymbol{e}_t\right) \tag{2.23}$$

$$\boldsymbol{h}_t^* = \sum_{i=1}^{n} \alpha_{ti} \boldsymbol{h}_i \tag{2.24}$$

式中，$\boldsymbol{v}^{\mathrm{T}}$、$\boldsymbol{W}_h$、$\boldsymbol{W}_s$ 为训练参数；$\boldsymbol{h}_i$ 为输入信息经过 LSTM 网络后编码器端的隐藏层信息；$\boldsymbol{s}_t$ 为解码器端在第 t 时间步的隐藏层信息；$\boldsymbol{\alpha}_t$ 为经过归一化之后的注意力分布，分布中的值越大，说明其对应的词对当前预测词的影响力越大，反之影响力越小；n 为输入文本序列的长度；$\boldsymbol{h}_t^*$ 为最终经过选择之后在第 t 时间步输入序列的语义信息。

上述注意力机制是目前最常用的注意力机制，即根据编码器端的隐藏层信息和解码器端的隐藏层信息得到当前时刻的注意力分布信息。此外，其他比较常用的注意力机制还有 hard attention[9]、self attention[10] 和 multi-head attention[10] 等。hard attention 中序列对应的权重只有 0 和 1 两个值。self attention 只根据输入序列状态本身来计算当前序列的注意力分布。multi-head attention 是通过对输入序列进行多次注意力分布计算来获取输入序列不同层次上的相关信息，从而更全面地获取输入序列的信息。虽然计算方法不同，但本质上是一样的，即计算输入序列的权重分布。

2.1.5 指针网络

在自然语言处理领域，编码-解码框架已经被应用到机器翻译、自动文摘等任务中并取得了很好的效果，但是使用编码-解码框架时，必须事先定义输入和输出词表，这就使采用编码-解码框架的模型会存在未登录词问题，尤其是一些词表需要随着输入数据动态变化的任务。针对未登录词问题，Vinyals 等[11] 在 2015 年提出了指针网络，很好

地解决了编码-解码框架无法应用到一些由输入数据决定字典大小的问题，如组合问题等。指针网络能够根据编码器端的隐藏层信息和解码器端的隐藏层信息得到每个输入信息的输出概率，使输入中不会存在未登录词问题。

随后，See 等[12]在指针网络的基础上提出了指针生成器（pointer-generator）网络，主要用来解决生成式文摘的未登录词问题。该模型融合了注意力机制和 Ptr-Net 模型，使该模型具备了从输入文本中选择词汇的能力。指针生成器网络模型对 Ptr-Net 模型做了一些简化，没有使用 Ptr-Net 模型训练输入信息输出的概率，而是直接使用注意力机制概率作为输入信息的输出概率，并将这个概率与模型生成的词表对应的概率合并，得到最后的输出概率。因此，指针生成器网络模型在摘要生成的每个时间步，都会给予输入文本的词语对应的输出概率。这样，文本中的未登录词也有了输出的机会，大大缓解了未登录词问题。而且由于指针生成器网络在词表输出概率的基础上添加了文本输出概率，这在很大程度上提高了用输入文本的词作为摘要的概率，由此提高了摘要的准确率，使模型的性能更加出色。

1. Ptr-Net 模型

编码-解码框架自从被提出后便得到广泛应用，尤其是在注意力机制被提出后，编码-解码框架和注意力机制几乎被捆绑在一起，但是该框架依然存在一些问题。由于在使用该框架时需要提前定义一个词表，所以对于组合问题，如旅行商问题、凸包问题等输出严重依赖输入的问题是不适合使用该框架的。所谓输出严重依赖输入是指输出的信息全部来源于输入，如果某些输入信息不在词表中，则框架无法得到正确的输出。

Ptr-Net 模型的最初目的便是解决这些未登录词问题，后来被应用到文摘等自然语言领域任务中也能够很好地解决未登录词问题。Ptr-Net 模型结构如图 2.8 所示。在解码的每个时间步，Ptr-Net 模型可以为输入端的每个输入信息分配一个输出概率，代表此时间步时该信息能够输出的概率，然后根据该概率分布输出概率最大的词，这样便可以直接复制编码器端的输入信息作为解码器端的输出信息。

Ptr-Net 模型解决输出严重依赖输入问题的思路是，动态地依据输入端的长度来确定词表的长度，根据编码器端的隐藏层信息和解码器端的隐藏层信息得到 Ptr-Net 模型的输出概率。具体计算公式为

$$\boldsymbol{u}_j^t = \boldsymbol{v}^{\mathrm{T}} \tanh\left(\boldsymbol{W}_1 \boldsymbol{e}_j + \boldsymbol{W}_2 \boldsymbol{d}_t\right), \quad j = 1, 2, \cdots, n \tag{2.25}$$

$$\boldsymbol{p}\left(C_1, C_2, \cdots, C_{t-1}, \boldsymbol{P}\right) = \mathrm{softmax}\left(\boldsymbol{u}^{\mathrm{T}}\right) \tag{2.26}$$

式中，$\boldsymbol{v}^{\mathrm{T}}$、$\boldsymbol{W}_1$、$\boldsymbol{W}_2$ 为训练参数；$\boldsymbol{e}_j$ 为编码器端的隐藏层向量；$\boldsymbol{d}_t$ 为解码器端 t 时刻的隐藏层信息；$\left(C_1, C_2, \cdots, C_{t-1}\right)$ 为已经输出的信息；C_t 为第 t 步的预测输出结果；$\boldsymbol{P}$ 为词

表中存在的所有词。

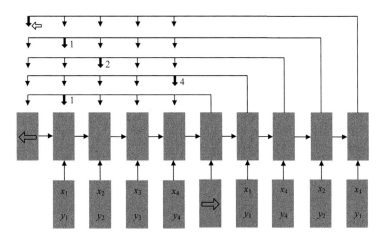

彩图 2.8

图 2.8 Ptr-Net 模型结构

Ptr-Net 模型的思路来源于注意力机制,但是两者的思想不同。注意力机制根据编码器端的隐藏层信息和解码器端的隐藏层信息获得输入信息的概率分布,目的是利用概率分布得到更准确的文本信息,以便预测下一个输出。指针网络通过将编码器端的隐藏层信息和解码器端的隐藏层信息输入 tanh 函数并归一化来直接确定最终的输出信息。

Ptr-Net 模型的输出词表是根据输入信息来确定的,这样就很好地解决了输出严重依赖输入的问题。由于 Ptr-Net 模型不存在未登录词问题,所以在未登录词问题上,Ptr-Net 模型的效果比单纯的编码-解码框架的模型更好。

2. 指针生成器网络

自从指针网络被提出后,在自然语言处理领域的很多任务中,如文本摘要、信息抽取、句子排序等都出现了指针网络的思想。其中在文摘任务中,Cheng 等[13]在抽取式文摘任务中采用了指针网络的思想从输入信息中抽取词语。See 等[12]在生成式摘要任务中根据指针网络的思想提出了指针生成器网络模型。指针生成器网络模型结构如图 2.9 所示。

指针生成器网络模型是加入注意力的编码-解码框架和 Ptr-Net 模型的融合,一方面保留了编码-解码框架抽象生成的能力;另一方面通过从输入端取词,提高了摘要的准确度,并且缓解了未登录词问题。从输入端取词是因为输入端的某些词语有很大的概率是最终的输出词语,但是对于编码-解码框架而言,经过了编码器和解码器的多层循环神经网络计算,模型很难将输入文本中的一些重要单词信息作为文摘的一部分输出,尤其是在训练语料中不常出现的词汇,但是指针生成器网络模型能够直接从输入文本序列中选择单词输出,大大简化了操作。

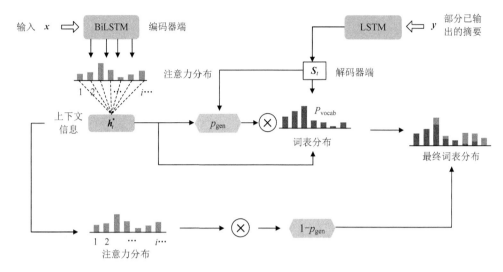

图 2.9　指针生成器网络模型结构

彩图 2.9

指针生成器网络模型通过将编码-解码框架和 Ptr-Net 模型的结果拼接在一起的方式将两者进行融合。对于使用编码-解码框架的模型而言，模型的最终输出概率分布是一个对应词表的概率分布。对于 Ptr-Net 模型而言，模型的最终输出概率分布是对应输入文本的概率分布，在这里，对指针生成器网络模型做了一些改进，即直接将注意力概率分布作为最终的输出概率分布。这两个模型融合的方式是通过在每个时间步动态训练一个概率 p_{gen}，把这两个输出概率分布结合起来，得到最终的输出概率分布为

$$P(w) = p_{gen}P_{vocab}(w) + (1 - p_{gen})\sum_{i:w_i=w}\alpha_{ti} \tag{2.27}$$

式中，$P(w)$ 为单词 w 在当前时间步最终的输出概率；$P_{vocab}(w)$ 为当前时间步词表输出概率分布中单词 w 的输出概率；α_{ti} 为第 t 个时间步单词 w_i 的注意力概率。

若输入端存在的词在词表中也存在，则将两者的概率相加，最终输出概率为 $P(w)$。若词语存在于词表中，但是不存在于输入端，则这样的词汇的最终输出概率为 $p_{gen}P_{vocab}(w)$。若词语仅存在于输入端，不存在于词表中，则这样的词汇的最终输出概率为 $(1 - p_{gen})\sum_{i:w_i=w}\alpha_{ti}$。其中，$p_{gen}$ 通过输入文本信息、解码器端的隐藏层信息和上个时间步模型的输出单词信息计算得到。p_{gen} 决定了词表和输入文本所占的输出比例。指针生成器网络模型的流程如算法 1 所示。

算法 1　指针生成器算法

1: 输入训练文本 $\boldsymbol{x}$

2: $\text{OUT}^{enc}, H^{enc} \leftarrow \text{Encoder}\left(\boldsymbol{x}, \boldsymbol{W}_e^{enc}\right)$

3: 初始化

$$s_0 \leftarrow F_1\left(\boldsymbol{H}^{\text{enc}}\right), \boldsymbol{h}_0^* \leftarrow \max\left(\text{OUT}^{\text{enc}}\right)$$

4: repeat

5:　　从参考文摘中获取 y_{t-1}

6:　　更新解码器端隐藏层信息

$$s_t : s_t \leftarrow \text{LSTM}\left(\boldsymbol{h}_{t-1}^*, \boldsymbol{s}_{t-1}, y_{t-1}\right)$$

7:　　计算 attention

$$\boldsymbol{\alpha}_t \leftarrow F_2\left(\boldsymbol{s}_t, \{\boldsymbol{h}_1, \boldsymbol{h}_2, \cdots, \boldsymbol{h}_n\}\right)$$

8:　　更新加入注意力机制的上下文信息

$$\boldsymbol{h}_t^* : \boldsymbol{h}_t^* \leftarrow F_3\left(\boldsymbol{\alpha}_t, \{\boldsymbol{h}_1, \boldsymbol{h}_2, \cdots, \boldsymbol{h}_n\}\right)$$

9:　　计算分配概率

$$p_{\text{gen}} = \sigma\left(F_4\left(\boldsymbol{s}_t, \boldsymbol{h}_t^*, y_{t-1}\right)\right)$$

10:　　计算词表概率分布

$$P_{\text{vocab}} = \text{softmax}\left(F_5\left(\boldsymbol{s}_t, \boldsymbol{h}_t^*\right)\right)$$

11:　　计算最终概率分布

$$P_{\text{final}} = F_6\left(\boldsymbol{\alpha}_t, P_{\text{vocab}}, p_{\text{gen}}\right)$$

12: until　得到结束符或超过文摘最大长度

在上面的算法流程中，指针生成器网络主要体现在第 9 步和第 11 步上。通过训练一个选择概率 p_{gen}，从输入信息和词表信息中按照一定的比例获得最终的输出概率，从而达到缓解未登录词问题和增强输入信息输出概率的目的。值得一提的是，在指针生成器网络模型中，Ptr-Net 模型的思想并没有相应的公式体现，主要原因在于，指针生成器网络模型巧妙地运用了注意力概率分布来代替通过 Ptr-Net 模型得到的每个词的输出概率。之所以这样做，有两方面的原因：一方面，注意力概率分布反映了输入信息对于所预测输出词语的重要程度，概率越大，影响程度越大，因此也更有可能成为该时间步的输出；另一方面，使用注意力概率分布大大减少了模型的复杂度，使模型的训练速度相对更快。

2.1.6　强化学习

生成式摘要使用的模型一般是加入注意力机制的编码-解码框架，而在编码-解码框架中最常用的目标函数是交叉熵损失函数，在输出文摘时采用导师驱动的方式，根据标准的参考摘要，在模型的每个时间步逐词计算误差。这样虽然能取得很好的效果，但是这种逐词计算误差的方法可能会使模型舍弃那些和参考文摘不同的优秀文摘,如果能从句子级别上评价文摘,就能很好地解决这个问题,而强化学习则能利用自身的特点,结合评价指标,不仅能从句子级别上评价文摘,而且能够增加高质量文摘的输出概率,并且减弱低质量文摘的输出概率,从而很好地解决这一问题。

强化学习是机器学习的一个重要方向。如图2.10所示,强化学习主要包括5个元素,即智能体(agent)、环境(environment)、状态(state)、动作(action)、奖励(reward)。智能体的每个动作都会得到相应的奖赏或惩罚,如果智能体的某个动作导致了奖赏,则智能体以后会更加倾向于做这个动作,如果智能体的某个动作导致了惩罚,则智能体以后会更加倾向于不做这个动作。强化学习目标是找到使长期累积奖励最大化的策略。

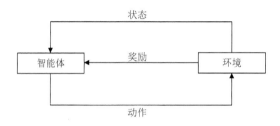

图2.10　强化学习结构

强化学习的智能体是学习者,同时也是决策者。智能体在执行某个任务时,会首先与环境进行交互,给出一个动作或策略,最后得到奖励或惩罚,如此不断循环。通过智能体与环境的交互,不断产生新的数据,再利用新的数据修改自身的动作,最终,智能体能够学习到完成任务所需要的一系列动作。强化学习的环境是指智能体所处的环境,环境会收到智能体的一个动作,然后环境会反馈给智能体一个奖励或惩罚。环境可分为完全可观测环境和部分可观测环境。完全可观测环境是指智能体直接观测环境状态,部分可观测环境是指智能体不直接观测环境,只了解部分环境的情况,剩下的环境需要依靠智能体自己去探索。

强化学习的状态可以分为3种,即环境状态、智能体状态和信息状态。环境状态是智能体所处环境的状态,包含环境状态信息的一些特征数据,但是通常也会包含一些无用信息等;智能体状态是输入给智能体的信息数据;信息状态也被称为马尔可夫状态,该状态包含历史上的所有信息。

强化学习中的动作是一个重要因素,智能体根据当前所处的状态和上一状态的奖励或惩罚确定当前要执行的动作,智能体完成任务的一系列动作称为策略。常见的策略表示方法有两种,即确定性策略和随机性策略。确定性策略是指在某个状态下一定会做出某个动作,随机性策略是指在某个状态下做出某个动作的概率。一个策略的优劣取决于长期执行这一策略后的累积奖赏,累积奖赏越多,说明该策略越好;反之,则说明该策略不好。

强化学习的奖励函数是智能体改变动作的主要依据，奖励函数的设计是一件十分重要的事情。奖励函数决定了智能体的哪些动作是正确的，哪些动作是不正确的。

强化学习是一个试探学习的过程，是一种通过自身的经历进行学习的过程。在强化学习中，没有像监督学习那样标注正确答案，智能体需要通过与环境的交互来做出下一个动作，环境在智能体做出动作后会反馈一个奖赏或惩罚给智能体，智能体根据反馈的信号和当前状态再做出下一个动作。经过不断循环，根据尝试获得的反馈信息不断调整策略，最终智能体便能够在这种行动-反馈的环境中获得知识，在相应的状态下执行相应的动作。

强化学习优化生成式文摘模型是通过影响交叉熵损失函数实现的。使用强化学习训练模型时，在每个时间步，模型会从词表中随机选择一个单词输出，最终将多个时间步得到的单词组合成文摘。另外，在每个时间步，通过贪心搜索策略每次从词表中取输出概率最大的单词输出，最后也组成一条文摘。这里，通过贪心策略组成的文摘可被看作模型在测试时输出的文摘。

ROUGE 是一种针对文摘任务的评价方法，根据模型生成的摘要和参考摘要的 n 元词（n-gram）共现信息来评价模型生成摘要的质量。如果随机选择得到文摘的 ROUGE 值大于通过贪心策略得到文摘的 ROUGE 值，就加强随机选择得到文摘的输出概率；反之，就减弱随机选择得到文摘的输出概率。通过强化学习的思想，不断提高 ROUGE 分数高的文摘的输出概率。

大量实践证明，加入强化学习的生成式文摘能够输出评价指标更高的文摘，这是因为在生成式文摘模型中加入强化学习后，模型具有了挑选质量较高文摘的能力，而不是像之前那样只具备逐字匹配的能力。所以，生成式文摘模型和强化学习的结合，能够进一步提高模型的性能表现。

2.2　基于概念网络的文摘生成模型

生成式摘要任务的目的是压缩文章内容，同时保留其核心思想，这意味着生成式摘要模型不仅要保留文章本身就存在的核心内容，更重要的是生成新的更高层次语义的抽象概念内容。之前的工作中，See 等[12]提出了指针生成器网络模型，该模型能够直接从文本中选择合适的单词组成文摘，而不是像传统的基于编码-解码框架和注意力机制的模型那样，仅从词表中选择单词组成文摘，这使指针生成器网络模型生成的文摘能够更准确地表达出文本的核心思想，但是这种从文本中直接复制单词输出的方法依然无法满足人们对文摘的概念性和抽象性需求。但是指针生成器的思想给了研究者极大的启发，如果能够直接选择概念性的词汇输出，将极大地提高文摘的概念性和抽象性。于是，在指针生成器网络的基础上提出了概念指针生成器网络，简称概念网络。概念网络模型能够提高文摘的抽象层次，达到提高文摘质量的目的。

举例如下。

输入：Despite thorny problems at home, Pakistan plans to send athletes and officials to next month's Asian games in Thailand, officials said Thursday.

指针生成器网络模型：Pakistan to send athletes to Asian games.

概念指针生成器网络模型：Pakistan sends a large group to Asian games in Thailand.

根据指针生成器网络模型生成的文摘结果可以看到，该模型复制了文本中的一些关键词语，如"athletes""Asian games"等，但文摘抽象层次不高。根据概念指针生成器网络模型生成的文摘结果可以看到，该模型生成的文摘能够在理解原文本的基础上提高文摘的抽象层次，将 athletes 和 officials 总结成 group，极大地提升了文摘的总结性。

通过上述例子，可以看到生成式文摘模型目前存在的不足，这也是在指针生成器网络模型的基础上提出概念网络模型的出发点。概念网络模型能够生成概念性和抽象性的单词，进一步减小了模型生成的文摘和人工总结的文摘之间的差距。与人类对文档的总结类似，概念网络模型不仅使用了指针生成器从源文本中获取显著的核心信息，而且使用了概念指针生成器根据文本的内容来概括并替换一些单词，最后通过解码器输出最终的文摘。

2.2.1　概念词生成

概念词的生成可以使用微软概念图。微软概念图的基础是 Probase[14]数据库。Probase 是由微软公司开发的知识数据库，拥有总量超过千万级别的概念，其包含的知识来自大量的网页和搜索日志，可以通过微软概念图获取文本中每个单词的概念信息。

微软概念图以概念定义和概念之间的 IsA 关系为主。例如，给定一个概念，如 apple，概念图会返回一组与 apple 有 IsA 关系的概念组，如 fruit、company、food、brand 等，并根据概念在文本中出现的次数统计出不同概念出现的概率，如 apple 的概念是 fruit 的概率为 0.415，apple 的概念是 company 的概率为 0.286，apple 的概念是 food 的概率为 0.076，apple 的概念是 brand 的概率为 0.050。

采用微软概念图来"理解"实例词与概念词之间关系的原因有两个：第一，它提供了一个由概念、实例、关系和价值组成的包含大量概念的知识库；第二，概念和实体之间的关系是概率关系，也可以衡量它们之间的关联程度，微软概念图可以提供这样的概率关系，因为概率是从世界范围内的网络数据、搜索日志数据和其他数据中得出的。另外，模型是数据驱动的，更容易与概率相适应，因此概念图的上述特征适合提出的模型。值得注意的是，在微软概念图中也不是所有单词都存在概念，对于不存在概念的单词，将其概念置为"UNK"，概念出现的概率置为 0。通过将词表中的单词和未登录词输入微软概念图中获得对应的概念及其出现的概率。

2.2.2　基于单概念网络的文本摘要算法

正如上文所讲，概念网络模型在生成文摘时能够输出一些概念性和抽象性的单词。在标准的编码-解码框架上，首先使用微软概念图获取文本中的单词对应的概率最大的概念词，然后利用单概念网络（single-concept network），赋予这些概念词一定的输出概率，使模型具备输出概念词和抽象词的能力。同时，将指针生成器网络和单概念网络连接在一起，使模型也具备直接复制文本中单词的能力。训练模型时，不仅采用传统的交叉熵损失函数训练模型，也采用强化学习方法对模型进行训练。

单概念网络的模型结构如图 2.11 所示。首先根据训练语料构建输入词表和输出词表，词表的目的是给文本中每个单词一个编号，从而使文本单词和词向量之间能够相互转换，输入词表和输出词表可以相同，也可以不

彩图 2.11

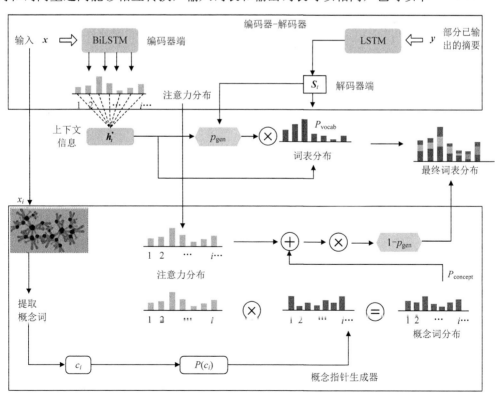

图 2.11　单概念网络模型结构

同。为了方便，这里采用相同的输入词表和输出词表。确定词表后，给予词表中每个词一个初始词向量，在将训练文本序列 $x = (x_1, x_2, \cdots, x_n)$ 中的每个单词转换为词向量时，根据词表查找对应单词的词向量，未登录词使用"UNK"对应的词向量代替。

在将训练文本序列转换为词向量序列后，将词向量序列输入编码层进行编码，采用双向 LSTM 作为编码层，将词向量序列顺序输入前向 LSTM 中，得到前向隐藏层状态序列 $\left(\vec{h}_1, \vec{h}_2, \cdots, \vec{h}_n\right)$，将词向量逆序输入后向 LSTM 中，得到后向隐藏层状态序列 $\left(\overleftarrow{h}_1, \overleftarrow{h}_2, \cdots, \overleftarrow{h}_n\right)$，为了能学习到文本更高抽象级别的信息，采用了两层 LSTM，将上一层得到的隐藏层状态序列作为下一层 LSTM 的输入，即

$$\vec{h}_t^n = f\left(\vec{h}_t^{n-1} + \vec{h}_{t-1}^n\right) \tag{2.28}$$

$$\overleftarrow{h}_t^n = f\left(\overleftarrow{h}_t^{n-1} + \overleftarrow{h}_{t-1}^n\right) \tag{2.29}$$

式中，$\vec{h}_t^n$ 为第 n 层前向 LSTM 在 t 时刻得到的隐藏层状态信息；$\overleftarrow{h}_t^n$ 为第 n 层后向 LSTM 在 t 时刻得到的隐藏层状态信息；f 为前馈神经网络函数。

将最后一层前向 LSTM 得到的隐藏层状态序列 $\left(\vec{h}_1, \vec{h}_2, \cdots, \vec{h}_n\right)$ 和最后一层后向 LSTM 得到的隐藏层状态序列 $\left(\overleftarrow{h}_1, \overleftarrow{h}_2, \cdots, \overleftarrow{h}_n\right)$ 进行连接，得到最终的隐藏层状态序列 h_i，即

$$h_i = \vec{h}_i \oplus \overleftarrow{h}_i \tag{2.30}$$

式中，h_i 为单词 x_i 最终的隐藏层状态信息。

在对词向量序列进行编码后，将获得的隐藏层状态序列输入解码层。在解码时，对于不同的时间步，文本中不同的词对于所要预测的词的影响程度是不同的，所以需要先学习文本不同词对应的权重，也就是注意力分布。通过给定编码器端的隐藏层状态序列 h_i 和 t 时刻解码器端的隐藏层状态序列 s_t，可以获得注意力分布 α_t，即

$$e_{t,i} = v^{\mathrm{T}} \tanh\left(W_h h_i + W_s s_t + b_{\mathrm{attn}}\right) \tag{2.31}$$

$$\alpha_t = \mathrm{softmax}\left(e_t\right) \tag{2.32}$$

式中，v^{T}、W_h、W_s、b_{attn} 为训练参数；tanh 表示双曲正切函数；softmax 表示归一化函数。

在获得注意力分布之后，可以获得 t 时刻加入注意力机制的上下文信息，即

$$h_t^* = \sum_{i=1}^{n} \alpha_{ti} h_i \tag{2.33}$$

式中，n 为文本中单词的个数；α_{ti} 为单词 x_i 在 t 时刻的注意力概率。

现在，根据第 t 时间步加入注意力机制的上下文信息 h_t^* 和解码器端在第 t 时间步的隐藏层信息 s_t 可以获得第 t 时间步词表中每个单词输出的概率，即

$$P_{\mathrm{vocab}} = \mathrm{softmax}\left(\boldsymbol{W}_2\left(\boldsymbol{W}_1\left[\boldsymbol{s}_t, \boldsymbol{h}_t^*\right] + \boldsymbol{b}_1\right) + \boldsymbol{b}_2\right) \tag{2.34}$$

式中，$\boldsymbol{W}_1$、$\boldsymbol{W}_2$、$\boldsymbol{b}_1$、$\boldsymbol{b}_2$ 为训练参数；P_{vocab} 为词表对应的输出概率分布。

单概念网络模型共有三部分输出概率分布。词表对应的输出概率分布只是第一部分。第二部分是输入文本对应的输出概率分布，即依据指针生成器网络，将 t 时刻文本的注意力概率分布作为 t 时刻文本对应的输出概率分布。最后一部分是由文本中每个单词对应概念词组成的概念词序列对应的输出概率分布。

前面提到微软概念图。根据微软概念图可以生成文本中每个单词 x_i 的概念词 c_i 及概率 $P(c_i)$，取概念词中出现概率最大的概念词及其概率进行后续的步骤。对于没有概念的单词，其概念用"UNK"代替，并将该概念词的出现概率赋值为 0，这样"UNK"的输出概率就变为了 0，不会影响模型输出文摘质量。

在每一个时间步，文本中某个词的注意力概率越大，说明这个词对要预测词的影响越大，由于概念词是单词对应的更加抽象级别的表示，可以认为该词对应的概念词对所要预测词的影响力也越大。也就是说，概念词序列的注意力分布和文本的注意力分布是相似的。将文本的概率分布作为概念序列的注意力分布，但是在体现概念在当前文本中的概率分布的同时，又要体现出概念词在广阔语料中的概率分布，因此将概念词在微软概念图中的概率与概念词的注意力概率相乘，最终得到概念词的输出概率 P_{concept}，即

$$P_{\mathrm{concept}}(c_i) = \alpha_{ti} P(c_i) \tag{2.35}$$

到目前为止，模型获得了全部的输出概率分布，词表中每个单词的输出概率、文本中每个单词的输出概率和文本中每个单词对应概念词的输出概率，对于不同的时间步，这三部分的输出权重是不同的，通过 3 个信息获取权重信息 p_{gen}，即

$$p_{\mathrm{gen}} = \sigma\left(\boldsymbol{W}_{h^*}\boldsymbol{h}_t^* + \boldsymbol{W}_s \boldsymbol{s}_t + \boldsymbol{W}_y \boldsymbol{y}_{t-1} + \boldsymbol{b}_{\mathrm{ptr}}\right) \tag{2.36}$$

式中，$\boldsymbol{h}_t^*$ 为加入注意力机制的上下文信息；$\boldsymbol{s}_t$ 为解码器端的隐藏层信息；$\boldsymbol{y}_{t-1}$ 为上一个时间步预测得到的单词信息；$\boldsymbol{W}_{h^*}$、$\boldsymbol{W}_s$、$\boldsymbol{W}_y$、$\boldsymbol{b}_{\mathrm{ptr}}$ 为训练参数；σ 为 sigmoid 函数。

用 $1 - p_{\mathrm{gen}}$ 表示文本对应的概率分布和文本单词的概念词序列对应的概率分布的输出权重，这两部分的输出权重之所以相同，是因为文本中的单词和该单词对应的概念词对预测词的影响程度几乎是相同的。因此，模型最终的输出概率分布为

$$P_{\mathrm{final}}(w) = p_{\mathrm{gen}} P_{\mathrm{vocab}}(w) + \left(1 - p_{\mathrm{gen}}\right)\left[\sum_{i:w_i = w} \alpha_{ti} + \sum_{i:w_i = w} P_{\mathrm{concept}}(w)\right] \tag{2.37}$$

在每个时间步，模型会得到所有可输出单词的输出概率分布 P_{final}。在测试阶段，模型会采用束搜索算法，在每个时间步，从 P_{final} 中获取合适的单词，最终将这些单词组合得到文摘。在训练阶段，模型根据参考文摘和 P_{final} 得到参考文摘中每个单词在每个对应

时间步的输出概率,计算交叉熵损失函数值。

$$L_{\text{mle}} = -\sum_{t=1}^{m} \lg P\left(y_t^* \mid y_1^*, y_2^*, \cdots, y_{t-1}^*, \boldsymbol{x}\right) \tag{2.38}$$

式中,m 为参考文摘的长度;y_t^* 为参考文摘的第 t 个单词;$\boldsymbol{x}$ 为输入文本信息;L_{mle} 为交叉熵损失函数值。训练的目的是最小化 L_{mle},也就是最大化参考文摘中每个单词的输出概率。

2.2.3　基于多概念网络的文本摘要算法

从微软概念图中选择概率最大的概念词进行后续任务时也会出现不合理的因素。例如,某个概念词虽然在亿计的网页和搜索日志中出现的概率很大,却不一定符合当前文本的语义。比如下面的一句话:

What will be the effect of the alliance between IBM and Apple?

在这句话中,Apple 的意思是苹果公司,但是在微软概念图中 Apple 出现概率最高的概念词是 "fruit"。此时,根据单概念网络模型结构,便将这句话中 Apple 的概念词设置成了 "fruit"。显然,这不仅不能帮助模型提升文摘质量,反而会使模型生成的文摘偏离主题。因此,不能简单地将微软概念图中概率最大的概念词作为单词在文本中的概念词,而是需要从微软概念图中提取出真正符合当前文本语义的概念词。

为了克服概念词和文本语义不一致的问题,提出了多概念网络(multi-concept network)模型。对于文本中的每个单词,从微软概念图中按照输出概率由大到小获取多个候选概念词,然后从这些候选概念词中选择最符合当前文本语义的概念词。多概念网络模型结构如图 2.12 所示。多概念网络模型和单概念网络模型的不同点在于多概念网络模型拥有选择概念词的能力,经过选择之后,多概念网络模型中的概念词能够符合当前文本的语义。以上述例子为例,在多概念网络模型中,模型会从 "fruit" "company" "food" "brand" 等 Apple 的多个概念词中选择符合当前语义的 "company" 作为 Apple 最适合的概念词,这样就解决了单概念网络模型中概念词不符合当前文本语义的问题。最合适的概念词的选择和文本中单词的隐藏层信息、文本上下文语义信息和概念词信息有关系,需要结合这三部分信息获取候选概念词序列的输出概率分布,结合概率分布选择最终的概念词。

对于某个单词 x_i,根据微软概念图,可以获取这个词的 k 个概念词 $C_i = \left(c_i^1, c_i^2, \cdots, c_i^k\right)$,这些概念词在微软概念图中的概率分布为

$$P\left(C \mid x_i\right) = \left(p\left(c_i^1\right), p\left(c_i^2\right), \cdots, p\left(c_i^k\right)\right) \tag{2.39}$$

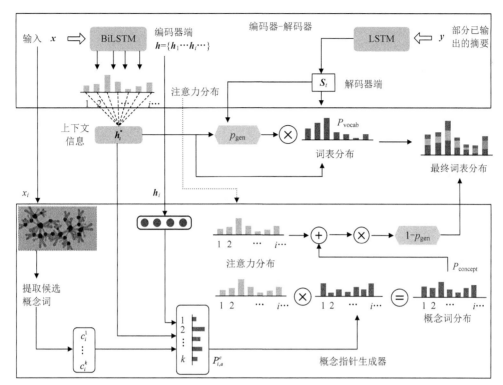

图 2.12　多概念网络模型结构

对于没有概念词的单词，其概念词依然使用"UNK"代替，并令这些概念词的输出概率为 0。根据文本上下文信息 h_t^*、编码器端每个词的隐藏层信息 h_i 和概念词的词向量信息 c_i^j 来选择最合适的概念词，即

彩图 2.12

$$\beta_i^j = \mathrm{softmax}\left(\boldsymbol{W}_{h'}\left[\boldsymbol{h}_i, \boldsymbol{h}_t^*, \boldsymbol{c}_i^j\right]\right) \tag{2.40}$$

式中，$j \in [1, k]$；β_i^j 为单词 x_i 对应的第 j 个概念词在当前语义下出现的概率；$\boldsymbol{W}_{h'}$ 为训练参数。

选择最大的 β_i^j 值对应的概念词作为单词 x_i 的最终概念词。

$$a = \underset{j}{\mathrm{argmax}}\ \beta_i^j \tag{2.41}$$

式中，a 为 $1 \sim k$ 中的某个值，此时，c_i^a 表示单词 x_i 的第 a 个概念，该概念最符合当前文本语义。

与单概念模型的结构不同，此时并没有将 $p(c_i^a)$ 与文本注意力概率相乘，最终得到概念词的输出概率 $P_{\mathrm{concept}}(c_i^a)$，而是希望 $p(c_i^a)$ 的值更符合当前文本语义。也就是说，概率 $p(c_i^a)$ 虽然是从广阔的语料中获取的概率，但是在当前语义下需要进一步修正，而概率 β_i^a 的作用就是对概率 $p(c_i^a)$ 作进一步修正。计算公式为

$$P_{i,a}^c = p\left(c_i^a\right) + \gamma\beta_i^a \qquad (2.42)$$

式中，γ 为超参数；$P_{i,a}^c$ 为单词 x_i 最终对应概念词 c_i^a 在当前语义下的概率。

与单概念网络模型相同，在体现概念在当前文本中的概率分布的同时，也要体现出概念词在广阔语料中的概率分布，因此将修正后的概念词的概率与概念词的注意力概率相乘，最终得到概念词的输出概率 $P_{\text{concept}}\left(c_i^a\right)$，即

$$P_{\text{concept}}\left(c_i^a\right) = \alpha_{ti}P_{i,a}^c \qquad (2.43)$$

在得到文本对应概念词序列的输出概率分布 P_{concept} 之后，多概念网络模型的结构和单概念模型相同，即词表对应的输出概率分布的输出权重为 p_{gen}，文本对应的输出概率分布和文本对应概念词序列的输出概率分布的输出权重为 $1 - p_{\text{gen}}$，然后通过式（2.37）得到最终的输出概率分布 P_{final}，最后根据交叉熵损失函数训练模型。

单概念网络模型和多概念网络模型的差别主要在文本单词对应概念词的个数上。单词在不同的语言环境中可能具有不同的意思，如果微软概念图中单词对应的概率最大的概念词词义与单词在文本中的语义不相符，那么单概念网络模型将不能提升模型生成文摘的抽象性，而多概念网络因为具备从多个候选概念词中选择符合文本语义的概念词的能力，因此多概念网络模型比单概念网络模型更加稳定，更不容易受到外部干扰。

2.2.4　强化学习训练和远程监督训练

除了使用交叉熵目标函数训练模型外，还可以使用强化学习和远程监督方式训练模型。虽然交叉熵损失函数能够很好地优化模型，能够最大化参考文摘的输出概率，但是在测试阶段很可能会造成累积误差传播。模型在训练时，上一个时间步预测的词是直接取参考文摘中对应的词，所以总是正确的，不会有错误传播。但是模型在测试时，若是在某一个时间步生成了错误的词汇，那么在预测下一个单词时，这个错误的词就会影响下一步的预测，使下一步预测的单词很有可能也是错误的单词。另外，句子的组成方式有很多种，正确的摘要不一定要严格逐字匹配参考文摘，有些可能只是词语的先后顺序不同或者是使用的单词不同，但意思是一样的。交叉熵损失函数的问题在于要严格按照参考文摘中单词的顺序进行匹配，在这方面，句子级别的 ROUGE 评测方法比单词级别的逐字匹配方法要更加灵活。考虑这两点原因，采用强化学习方式进一步训练模型，用来缓解误差传递和字级别的评测不够灵活的问题，从而提升模型的性能。另外，还可以使用远程监督训练方式，针对不同的测试环境做有针对性的训练。

1. 强化学习训练

ROUGE 指标是判断模型生成的文摘和参考文摘相似度的指标。在强化学习阶段，

训练时引入 ROUGE 指标。通过 ROUGE 指标，直接在训练时评价模型生成的文摘，并将结果反向传播。此时，强化学习中的奖励值用 ROUGE 指标替代，生成式文摘模型可以理解为智能体，训练的文章可以理解为环境，加入 ROUGE 指标的损失函数可以理解为策略函数。加入 ROUGE 指标的损失函数为

$$L_{\mathrm{RL}} = \left[r\left(\hat{y}\right) - r\left(y^s\right)\right]\sum_{t=1}^{m}\lg P\left(y_t^s \mid y_1^s, y_2^s, \cdots, y_{t-1}^s, \boldsymbol{x}\right) \tag{2.44}$$

式中，$r(\hat{y})$ 为模型在解码时按照贪心搜索生成句子的 ROUGE 值；$r(y^s)$ 为模型在解码时每个时间步随机选择一个词组成句子的 ROUGE 值，其中 ROUGE 值可以是 ROUGE-1、ROUGE-2 或者 ROUGE-L；$\lg P\left(y_t^s \mid y_1^s, y_2^s, \cdots, y_{t-1}^s, \boldsymbol{x}\right)$ 为模型在第 t 个解码时间步时单词 y_t^s 的输出概率；$\boldsymbol{x}$ 为输入的文本信息；m 为随机选词组成文摘的长度。

强化学习模型训练时，对于一个输入和输出两个文摘，分别是在每一步进行随机选词组成的文摘和按照贪心搜索组成的文摘。分别对应式（2.44）中的 y^s 和 $\hat{y}$。y^s 和 $\hat{y}$ 的不同点仅在于每个时间步选择预测词的方式不同。

因此，$\hat{y}$ 可被看作测试阶段模型生成的文摘，若 $\hat{y}$ 的 ROUGE 值大于 y^s 的 ROUGE 值，说明 $\hat{y}$ 与参考文摘的相似度更高，此时 L_{RL} 为正数，然后使用梯度下降法，最小化损失函数，因此会减弱 y^s 出现的概率，这也变相增加了质量较高的文摘出现的概率。反之，若 $\hat{y}$ 的 ROUGE 值小于 y^s 的 ROUGE 值，说明 y^s 与参考文摘的相似度更高，此时 L_{RL} 为负数，因此会增强 y^s 出现的概率。

强化学习使得更接近参考文摘的候选文摘更有可能被输出，但是这种方式并没有解决语义问题，只是能够让模型输出的结果更接近参考文摘。强化学习没有通过直接改善模型来提升模型的性能，而是从模型生成的结果中找到 ROUGE 指标较高的句子，通过提高该句子的输出概率来提升模型的表现。因此，使用强化学习并不能保证提升文摘的可读性，而交叉熵目标函数是一个条件语言模型，能够帮助模型生成可读性更高的文摘。将交叉熵损失函数和强化学习损失函数结合起来，才能更好地优化模型。结合公式为

$$L_{\mathrm{final}} = \lambda L_{\mathrm{RL}} + (1 - \lambda) L_{\mathrm{mle}} \tag{2.45}$$

式中，λ 为超参数；L_{final} 为最终结合后的损失函数。

强化学习通过在句子级别上对模型生成的文摘进行评价，很好地解决了逐字匹配可能带来的错误评价的问题，并且在很大程度上缓解了模型在测试时的误差传递问题。此外，强化学习通过将交叉熵损失函数和强化学习损失函数结合起来，提升模型生成文摘的可读性，更好地优化了模型。

2. 远程监督训练

除了采用强化学习对模型继续优化外，还可以采用远程监督训练方法。在训练语料

中，有些语料的语义与测试语料的语义比较接近，有些则完全不同。在训练时，如果与测试语料具有不同语义的训练语料能够自适应地减弱对模型参数的影响，而与测试语料具有相似语义的训练语料能够自适应地增强对模型参数的影响，那么模型与特定的测试数据将会更好地匹配。然而，在实际的训练语料中，并没有明确的标签指示该训练语料是否接近测试语料。因此，为了实现这一思想，可以通过计算每个训练语料的参考摘要和测试语料文本之间的 KL 散度（Kullback-Leibler divergence）来标记训练语料，以适应模型。

KL 散度是描述两个概率分布 P 和 Q 之间差异的一种方法，其计算公式为

$$\mathrm{KL}(P\|Q) = \sum P(x)\lg\frac{P(x)}{Q(x)} \tag{2.46}$$

式中，$P(x)$、$Q(x)$ 为概率分布 P 和 Q 中的概率值；$\mathrm{KL}(P\|Q)$ 为 P 和 Q 的 KL 散度值。KL 散度值越低，表明两个分布之间的差异越小；反之，表示两个分布之间的差异越大。

假设训练语料中某个文本的单词出现在测试语料的某个文本中，那么这两个文本的语义很可能相似，而且相同单词的个数越多，这种可能性越大。这种现象可以通过词向量表现出来。因此，采用训练语料中文摘的词向量信息和测试语料的文本的词向量信息来表示训练语料的分布和测试语料的分布，即

$$\boldsymbol{y}^* = \mathrm{softmax}\left[\exp\left(\sum_{i=1}^{m'}\boldsymbol{y}_i^*\right)\right] \tag{2.47}$$

$$\boldsymbol{x}^{\mathrm{test}} = \mathrm{softmax}\left[\exp\left(\sum_{i=1}^{n'}\boldsymbol{x}_i^{\mathrm{test}}\right)\right] \tag{2.48}$$

式中，$\boldsymbol{y}_i^*$ 为训练语料中一条文摘中的第 i 个词的词向量；m' 为这条文摘的长度；$\boldsymbol{y}^*$ 为训练语料中一条语料文摘的分布情况；$\boldsymbol{x}_i^{\mathrm{test}}$ 为测试语料中一条文本中的第 i 个词的词向量；n' 为这条文本的长度；$\boldsymbol{x}^{\mathrm{test}}$ 为测试语料一条语料中文本的分布情况；$\exp$ 表示以自然对数 e 为底的指数函数。

在训练时，计算每条训练语料和所有测试语料的 KL 散度值，然后求平均值，作为这条语料与测试集的匹配程度，并将匹配程度信息加入损失函数中，即

$$L_{\mathrm{DS}} = \left[\pi - \frac{1}{N}\sum_{t=1}^{N}D_{\mathrm{KL}}\left(\boldsymbol{y}^*, \boldsymbol{x}_l^{\mathrm{test}}\right)\right]L_{\mathrm{MLE}} \tag{2.49}$$

式中，$D_{\mathrm{KL}}(\cdot)$ 为 $\boldsymbol{y}^*$ 和 $\boldsymbol{x}_l^{\mathrm{test}}$ 的 KL 散度值，可以看作一条训练语料与一条测试语料的相似程度；$\boldsymbol{x}_l^{\mathrm{test}}$ 为测试语料中第 l 条语料中文本的分布情况；N 为测试语料的个数；π 为超参数。

训练语料与测试语料相似，KL 散度值越小，交叉熵的参数越大，越提升该语料对

模型的影响；KL 散度值越大，交叉熵的参数越小，越减弱该语料对模型的影响。

远程监督训练不能提高模型的泛化能力，但是能够针对不同的测试语料作针对性的训练，可以通过远程监督训练使模型更好地适应不同的环境。因此，远程监督方式可以作为一种补充的训练方法，针对应用环境，进一步提升模型的性能。另外，如果某个领域的训练语料较少，也可以使用远程监督的方式从相关领域的语料库中选择语料训练模型。

2.3　概念网络模型实验

为了评估概念网络模型的性能表现，实验在 Gigaword 测试集和 DUC-2004[15]测试集上对模型进行了评测，不仅使用了在文本摘要领域被广泛使用的 ROUGE 指标，还采用了人工评测、未登录词对比、抽象性对比等方式来评测模型生成文摘的质量，并与基线模型进行对比，最后对实验结果进行分析。

2.3.1　数据集和评价方法

本实验采用了第五版英语 Gigaword 新闻语料作为模型的训练语料。Gigaword 语料包含各个领域的新闻，由大约 950 万个新闻文本及对应的标题组成。为了能够和其他基线模型的实验结果进行公平的比较，本实验按照 Rush 等[16]所提出的方法对 Gigaword 语料进行处理，首先取出原始 Gigaword 语料中文章的第一句话和对应的标题组成一条数据，然后使用 PTB 分词工具对这些数据进行分词。此时，语料中依然会包含一些不理想的文本–标题对，包括文章和标题中除停用词外无相同的单词、标题中包含冒号和句号等符号、标题中包含副标题或无关的符号，此时按照 Rush 等[16]提出的启发式方法修剪掉这些不理想的数据。对于数字字符和在训练语料中出现次数少于 5 的单词，依然按照 Rush 等[16]提出的规则，分别用"#"和"UNK"来替代。经过上述步骤对 Gigaword 语料进行预处理之后，筛选出大约 380 万个文本–标题对作为实验的训练语料，约 18.9 万个文本–标题对作为实验的验证语料，其中文本平均长度为 31.3 个单词，标题平均长度为 8.3 个单词。

实验采用的测试数据是 Gigaword 测试集和 DUC-2004 测试集。其中，Gigaword 测试集共包含 1951 条测试数据，每条数据包含一个文本和一个由人工生成的参考标题；DUC-2004 测试集共包含 500 条测试数据，每条数据包含一个文本和对应的 4 个不同的由人工生成的参考标题。在测试过程中，每个参考标题的长度被限制在 75B。采用 4 个参考标题能够在很大程度上降低在人工生成参考标题的过程中不同的表达方式对测试结果的影响。

实验使用 ROUGE 值来评价模型表现。ROUGE 准则包含很多评测方法，包括 ROUGE-1、ROUGE-2、ROUGE-3、ROUGE-L 等，其中 ROUGE-1、ROUGE-2、ROUGE-3 分别表示基于 1 元词（unigram）、2 元词（bigram）、3 元词（trigram）的 n-gram 模型。在文摘任务中，可以根据自己的具体研究任务选择合适的 ROUGE 评价方法。本实验采用在文摘任务中比较常用的 ROUGE-1 指标、ROUGE-2 指标和 ROUGE-L 指标作为模型的评价指标。

ROUGE-N 计算公式为

$$\text{ROUGE-}N = \frac{\sum_{S \in \{\text{Reference Summaries}\}} \sum_{n\text{-gram} \in S} \text{Count}_{\text{match}}(n\text{-gram})}{\sum_{S \in \{\text{Reference Summaries}\}} \sum_{n\text{-gram} \in S} \text{Count}(n\text{-gram})} \tag{2.50}$$

式中，n-gram 表示 n 元词；Reference Summaries 表示参考摘要；$\text{Count}_{\text{match}}(n\text{-gram})$ 为模型生成的摘要和参考摘要中同时出现 n-gram 的个数；$\text{Count}(n\text{-gram})$ 为参考摘要中出现的 n-gram 的个数。ROUGE-1 和 ROUGE-2 的值均可通过此公式计算得出，唯一不同的是 N 的值分别为 1 和 2。

ROUGE-L 中的 L 是指最长公共子序列（longest common subsequence，LCS），因为在 ROUGE-L 的计算过程中用到了最长公共子序列。其计算公式为

$$R_{\text{LCS}} = \frac{\text{LCS}(X,Y)}{m} \tag{2.51}$$

$$P_{\text{LCS}} = \frac{\text{LCS}(X,Y)}{n} \tag{2.52}$$

$$F_{\text{LCS}} = \frac{(1+\beta^2)R_{\text{LCS}}P_{\text{LCS}}}{R_{\text{LCS}} + \beta^2 P_{\text{LCS}}} \tag{2.53}$$

式中，X、Y 为两个序列，在文摘任务中分别表示模型生成的文摘和参考文摘；$\text{LCS}(X,Y)$ 为 X 和 Y 的最长公共子序列的长度（序列中单词的个数）；m 为参考文摘的长度（文摘所包含的单词的个数）；n 为模型生成文摘的长度；β 在 DUC-2004 中是一个很大的数；R_{LCS} 为召回率；P_{LCS} 为准确率；F_{LCS} 为 F_1 值。

在多参考文摘的情况下，ROUGE 会综合全部的参考文摘，得出最终的分数。假设有 z 个参考文摘 $R = \{r_1, r_2, \cdots, r_z\}$，则其计算过程如下。

首先根据这 z 个参考文摘产生 z 个集合，即

$$R_i = R - r_i, \quad i = 1, 2, \cdots, z \tag{2.54}$$

然后对于每个集合 R_i，计算出集合中的参考文摘与模型生成的文摘相比较获得的最大 ROUGE 值，即

$$\text{max\_score}_i = \max_{r_j \in R_i} \text{ROUGE} - N\left(r_j, X\right) \tag{2.55}$$

最后计算所有集合最大 ROUGE 值的平均值，即

$$\text{rouge\_score} = \frac{1}{M}\sum_{i=1}^{M}\text{max\_score}_i \tag{2.56}$$

对于概念网络模型，采用较为常用的评测方式。在 DUC-2004 测试集上，采用 75B 长度限制的 ROUGE-1 指标、ROUGE-2 指标和 ROUGE-L 指标的召回率作为评价标准。在 Gigaword 测试集上，采用 ROUGE-1 指标、ROUGE-2 指标和 ROUGE-L 指标的 F_1 值作为评价标准。

2.3.2　实验细节

1. 束搜索算法

在模型解码器端，每个时间步都会根据解码器端的隐藏层状态信息、文本的上下文信息以及上一个时间步的预测词信息来生成输出单词对应的概率分布，然后根据不同的策略从这个概率分布中选择某个概率对应的单词作为该时间步解码器端的输出。

从概率分布中选择单词本质上是一个搜索策略问题，比较简单的策略是贪心搜索算法，它是在每个时间步根据概率分布将概率最大的单词输出，这样生成的句子仅有一种可能。贪心搜索算法能够生成质量较好的文摘，但不一定是全局最优的结果。

为了达到全局最优，可以在每个时间步都将词表中的单词全部输出。这样，若生成的句子有 K 个单词，则共有 N^K 种可能（N 是词表中单词的个数）。由于使用这种搜索算法是非常耗时的，于是采用束搜索算法（beam search）。

束搜索算法是一种使用启发式函数和限定束宽度（beam size）的搜索算法。束搜索算法通常用在候选解比较多的算法中。为了更快速地得到答案且不占用太多空间，在每步进行搜索时，筛选掉一些质量相对较差的候选解，只在质量较好的候选解上进行下一步搜索，因此在束搜索过程中会有束宽度的限制，每次搜索仅保留与束宽度数量相同的质量较好的结果。这样就减少了空间的消耗，并且提高了时间效率。虽然束搜索和贪心搜索有着相同的缺点，也有可能在搜索过程中丢弃全局最优节点，但是它提供了一种在解空间很大时寻找最优解的思路。

为了更好地理解束搜索算法，下面举例说明束搜索的过程。假设在模型测试时，词表大小为 3，词表内容为 a、b、c，则束宽度为 2 的束搜索过程如图 2.13 所示。<s>符号表示搜索开始，当生成第一个词时，从词表对应的概率分布中选择概率最大的两个词，

也就是 a 和 c，则当前序列为 a 和 c。当生成第二个词时，分别以 a 和 c 作为输入预测下一个词，得到 aa、ab、ac、ca、cb、cc 这 6 个候选序列，然后从候选序列中选择概率最大的两个序列，也就是 ab 和 cb，此时序列为 ab 和 cb。后续不断重复这个过程，直至遇到结束符或达到限制长度时结束。最终从两个完整的序列中选择一个概率最大的序列作为模型的输出序列。

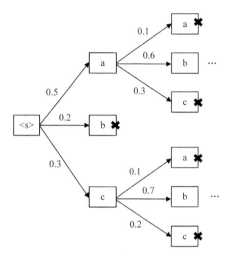

图 2.13　束宽度为 2 的束搜索过程

在束搜索过程中，束宽度是一个影响模型的关键因素，当束宽度太小时，不容易获得全局最优结果，尤其是当束宽度为 1 时便退化成贪心搜索；当束宽度太大时，会耗费大量搜索时间。经过实践，选择束宽度为 8 来进行束搜索。

束搜索算法只在模型测试时使用，因为在训练时，模型是根据参考文摘中对应时间步的参考文摘中的词来预测下一个词的，不需要使用束搜索算法来选择词语。束搜索只是一种搜索策略，在语言生成模型中，给定语言模型，束搜索可以搜索出更加合理的结果。束搜索算法在生成式文摘任务中的具体实现算法流程见算法 2。

算法 2　束搜索算法

1: 输入测试集文本 $\boldsymbol{x}$、词表量 V、束宽度 K、最大搜索深度 L
2: $\mathbf{OUT}^{\mathrm{enc}}, \boldsymbol{H}^{\mathrm{enc}} \leftarrow \mathrm{Encoder}\left(\boldsymbol{x}, \boldsymbol{W}_{\mathrm{e}}^{\mathrm{enc}}\right)$
3: $\boldsymbol{s}_0 \leftarrow F_1 \boldsymbol{H}^{\mathrm{enc}}$
4: 初始化

$$y_1 = \langle \mathrm{start} \rangle$$

$$U = \left\{ \left(\boldsymbol{s}_0, [y_1], 0 \right) \right\}$$

$$S = \varnothing$$
$$t = 1$$

5: **repeat**

6:　　　　$U_{\text{expand}} = \varnothing$

7:　　　　**for** $\left(s_{t-1}, Y_{t-1}, p\right) \in U$ **do**

8:　　　　　　取 Y_{t-1} 序列的最后一个元素 y_{t-1}

9:　　　　　　更新

$$h_t^*, s_t \leftarrow \text{attentiondecoder}\left(\text{OUT}^{\text{enc}}, s_{t-1}, y_{t-1}\right)$$

10:　　　　$p_t = \text{softmax}\left[F_2\left(y_{t-1}, h_t^*, s_t\right)\right]$

11:　　　　**for** $p_t^i \in p_t$

12:　　　　　　$U_{\text{expand}} = U_{\text{expand}} \bigcup \left(s_t, Y_{t-1} + y_i, p \cdot p_t^i\right)$

13:　　　　**endfor**

14:　　**endfor**

15:　　令 $U = \varnothing$ ，并且

$$U \leftarrow \left\{ \text{按照 } p \text{ 值取 } U_{\text{expand}} \text{中} \text{top}\left(K - |S|\right) \text{个序列} \right\}$$

16:　　$U_{\text{complete}} \leftarrow \{Y_t \mid Y_t \in U, y_t \in \text{EOS}\}$

17:　　$U \leftarrow U \setminus U_{\text{complete}}$

18:　　$S \leftarrow S \bigcup U_{\text{complete}}$

19:　　$t = t + 1$

20: **until**　$S \mid = K$ 或者 $t = L$

21: 输出 S 中概率最大的序列

首先将文本通过编码器进行编码，根据编码结果初始化解码器端的隐藏层信息，将解码器端的隐藏层信息、之前时间步的所有输出单词以及对应的概率 p 存储到集合 U 中，其中 p 的计算方式是将当前序列中所有单词的概率相乘。第 7 步到第 14 步的循环就是模型预测下一个词的过程，将该预测词加到之前的序列上，可得到当前序列，共可以产生 $K \cdot |V|$ 个序列，之后在第 15 步按照 p 值从这么多序列中选出 $\text{top}\left(K - |S|\right)$ 个序列。然后判断这些序列中是否有完整的序列，判断的方法是看该序列的最后一个词是否是结束符，如果是，便将该序列加入最终的集合 S 中，剩余的序列继续进行束搜索，直至达到结束条件。

束搜索算法相当于做了约束优化的广度优先搜索，利用广度搜索策略建立搜索树，在搜索树的每层，按照一定的规则对节点进行排序，保留一定数目的节点，然后在这些节点上进行下一步搜索，不断循环这个过程，直至达到结束条件。

2. AdaGrad 算法

梯度下降法是目前常用的优化神经网络的方法，它的核心在于最小化目标函数 $f(\theta)$，其中 θ 为模型的参数。在模型的每次迭代中，对于每个训练参数变量，首先根据目标函数计算训练参数的梯度向量，然后按照目标函数在该变量梯度相反的方向更新参数值，直至收敛。其中最原始的梯度下降法对于训练参数的更新方式为

$$\theta = \theta - \eta \nabla_\theta f(\theta) \tag{2.57}$$

式中，η 为学习率，表示函数达到最小值的过程中每一步走的距离。η 值的选择是很重要的，不能太大也不能太小，太大可能会错过最小值点，太小会导致到达最小值的时间过长，而且更容易陷入局部最小值。

在模型训练过程中，有些训练参数已经十分接近最优点，只需进行微调即可，这时就需要较小的学习率；而有些参数可能距最优点还有较远的距离，需要较大的学习率，所以同一个更新速率不一定适合所有参数。为了解决这个问题，便有了自适应梯度（Adaptive Gradient）算法，简称 AdaGrad 算法。AdaGrad 算法是一种具有自适应学习率的算法，对每个不同的训练参数在更新参数时使用不同的学习率，其算法流程见算法 3。

算法 3　AdaGrad 算法

1: **Require**　全局学习率 ε

2: **Require**　初始参数 θ

3: **Require**　小常数 δ，为了数值稳定，取值为 10^{-7}

4: 初始化梯度累积变量 $r = 0$

5: **repeat**

6:　　从训练语料中获取 n 条语料 $\left\{ x^{(1)}, x^{(2)}, \cdots, x^{(n)} \right\}$，参考答案分别为 $y^{(i)}$

7:　　计算梯度

$$g \leftarrow \frac{1}{n} \nabla_\theta \sum_i L\left[f\left(x^{(i)}; \theta \right), y^{(i)} \right]$$

8:　　累积二次方梯度

$$r \leftarrow r + g \odot g$$

9:　　计算更新

$$\Delta\theta \leftarrow -\frac{\varepsilon}{\delta + \sqrt{r}} \odot g$$

10:　　应用更新

$$\theta \leftarrow \theta + \Delta\theta$$

11: **until**　达到停止准则

在 AdaGrad 算法中，每个训练变量随着训练次数的增加，会根据历史学习率的累积量来决定当前的学习率。历史学习率的累积量越大，当前学习率越小；反之，当前学习率越大。这样随着学习的进行，高频出现的训练参数的累积学习率就会越来越大，从而使当前学习率越来越小，而低频出现的训练参数的累积学习率不大，所以当前学习率依然很大。AdaGrad 算法解决了所有训练参数具有统一学习率的问题。

AdaGrad 算法在计算训练参数的梯度后并没有直接使用该梯度对训练参数进行更新，而是采用累积二次方梯度来更新参数，方法是通过将全局学习率 ε 逐参数地除以其历史梯度的二次方和作为每个参数的学习率。这个过程在算法 3 的第 8 步和第 9 步，其中 δ 是一个小常数，是为了防止分母为零而设置的参数。这种更新训练参数的方式，使 AdaGrad 算法不需要手动调节学习率而且能够对高频出现的参数进行小的更新，而对低频出现的参数进行大的更新，从而更好地训练模型。

3. 模型参数设置

实验中提到的所有模型均在 Linux 环境下，使用 PyTorch 深度学习开源框架实现。在训练时采用批处理方式，每批数据的大小为 64 个文本-标题对。输入文本的最大长度设置为 60，即包含 60 个单词，参考文摘的最大长度设置为 20，文本长度不足的使用填充字符填充，文本长度过长的则进行裁剪。模型预测文摘的最短输出长度为 2。

概念网络模型的输入词表和输出词表相同，词表大小均为 150k。单概念网络模型中每个单词对应的概念只有一个，多概念网络模型中每个单词对应的概念有 2~5 个。单词的概念由微软概念图生成，概念词的输出概率会随着概念词的查找个数发生变化，在查找概念时，将概念词的查找总数设置为 10 个，在选择概念时过滤掉了包含两个及两个单词以上的概念短语。对于没有概念的单词，其概念设置为 "UNK"，概念出现的概率设置为 0。另外，为了提高模型训练的速度，减少模型寻找单词对应概念的时间，文本在训练前将单词对应的概念词及其概率存储到文本中，方便寻找概念词及其概率。对于输入文本中的未登录词，模型会在记录未登录词时通过微软概念图找到这些未登录词的概念词及其概率并储存。

实验中所有文本单词的词向量维度均设置为 128 维，在训练开始之前对每个词向量进行随机初始化，然后在训练过程中不断更新优化词向量。模型使用了编码-解码框架，其中编码器采用了两层的双向 LSTM 网络，解码器采用了单层的单向 LSTM 网络，隐藏单元均设置为 256 维。模型采用 AdaGrad 算法训练参数，其中全局学习率设置为 0.15，初始化累积变量设置为 0.1。在从多个候选概念中选择最合适的概念时，将概念词在微软概念图中的输出概率和模型产生的概率结合，其中超参数 γ 被设置为 0.1。另外，将强化学习的思想加入目标函数中，并且通过与交叉熵损失函数相加建立新的目标函数，两者占比为 99∶1。在训练时先使用传统的交叉熵损失函数训练模型至收敛，再使用强化学习进行模型优化。在远程监督训练中，在 DUC-2004 测试集上将超参数 π 设置为 2.27，在 Gigaword 测试集上将超参数 π 设置为 1.68。在训练时，也是先使用传统的交叉熵损失函数训练模型至收敛，再使用远程监督方式进行模型优化。在解码器端，采用束搜索方法生成文摘，其中束宽度为 8。另外，在提出的模型中加入一些概念词，在一个文本单词对应 1～5 个概念的情况下，词表分别额外多出了 602～2216 个单词。

2.3.3 基线模型

为了证明实验所提出的模型在输出文摘质量上更好，将和以下基线模型进行比较。

1. ABS[16]

ABS 模型在神经网络模型的基础上加入了注意力机制，使用编码-解码框架执行文摘任务。

2. ABS+

ABS+模型在 ABS 模型的基础上，加入了由对数线性抽取模型抽取的特征来优化模型。

3. RAS-Elman[10]

RAS-Elman 模型在 ABS 模型的基础上加入了单词在文本中的位置信息，并使用一个卷积编码层来处理这些信息，在解码器端，使用循环神经网络进行解码。

4. LenEmb[17]

LenEmb 模型将目标序列的长度信息作为输入编码到模型中，来执行生成式文摘任务。

5. Luong-NMT[18]

Luong-NMT 模型是由 Luong 提出的，该模型在机器翻译任务中取得了很好的效果。Chopra 等[19]在文本摘要任务上重新实现了这一模型。

6. Lvt2k-1sent[20]和 Lvt5k-1sent[20]

Lvt2k-1sent 模型和 Lvt5k-1sent 模型都是通过减少每个小批量（mini batch）中解码器词表中词的数量，来解决由于解码器词表过大造成的 softmax 层计算量过大的问题。

7. Pointer-generator[12]

Pointer-generator 模型根据指针网络的思想，结合了指针网络和编码-解码框架，增加了模型直接从输入文本中选词的能力。

8. SEASS[21]

SEASS 模型通过将输入文本的向量信息加入编码器的每个隐藏层中来控制信息表示。

9. seq2seq+select_MTL+ERAM[22]

Li 等[22]在 seq2seq 模型中采用了选择性编码机制，并将多任务学习（multi-task learning，MTL）框架和自己提出的特定的优化模型方法 RAML 应用于 seq2seq 选择性编码机制模型，从而提出了 seq2seq+select_MTL+ERAM 模型。

10. CGU[23]

CGU 模型主要针对生成式文摘任务的重复词问题，在编码器和解码器之间加入一个门控卷积单元，更好地关注了文章的全局内容信息。

2.3.4　模型表现

1. 基于单概念网络模型的文本摘要算法

基于单概念网络模型的文本摘要算法中，首先从微软概念图中找到单词对应的一个在概念图中输出概率最大的概念词，然后在每个解码时间步中直接给予该概念词一定的输出概率。虽然单概念网络模型不具备选择能力，但是具备输出抽象词汇的能力，依然能提高模型生成文摘的抽象层次，而且由于不需要选择候选概念词，能节省更多训练时间。

单概念网络模型在 DUC-2004 测试集上的 ROUGE 评测结果如表 2.1 所示。

表 2.1　单概念网络模型在 DUC-2004 测试集上的 ROUGE 评测结果

模型	ROUGE-1	ROUGE-2	ROUGE-L
ABS（2015）	26.55	7.06	22.05
ABS+（2015）	28.18	8.49	23.81
RAS-Elman（2016）	28.97	8.26	24.06

续表

模型	ROUGE-1	ROUGE-2	ROUGE-L
LenEmb（2016）	26.73	8.39	23.88
Luong-NMT（2016）	28.55	8.79	24.43
Lvt2k-1sent（2016）	28.35	9.46	24.59
Lvt5k-1sent（2016）	28.61	9.42	25.24
Pointer-generator（2016）	28.28	10.04	25.69
SEASS（2017）	29.21	9.56	25.51
seq2seq+select_MTL+ERAM（2018）	**29.33**	10.24	25.24
Single-concept network	28.23	9.99	25.77
Single-concept network + RL	28.88	**10.28**	**26.45**

从表 2.1 中可以看到，基于单概念网络模型的表现超过了大部分的基线模型，相比指针生成器网络模型，该模型在 ROUGE-L 指标上有一定的提升，而且 ROUGE-L 指标优于所有的基线模型，说明加入概念信息后，模型在文本全文内容的总结上更优秀。但是从结果可以看出，相比于指针生成器网络模型，单概念网络模型的 ROUGE-1 和 ROUGE-2 表现并不好，这是因为微软概念图中单词的输出概率最大的概念信息与 DUC-2004 测试集中单词的概念信息不太相符。为了避免这种情况的发生，可以采用多概念网络模型。

在使用交叉熵损失函数训练模型的基础上，采用强化学习继续对模型进行优化，其评测结果通过实验结果可以看到。经过强化学习后，模型在 ROUGE-1、ROUGE-2 和 ROUGE-L 指标上都有显著的提升，尤其是 ROUGE-L 指标，提升较为明显。这验证了强化学习的思想，通过提高 ROUGE 的高文摘输出概率，降低 ROUGE 的低文摘输出概率，能够提升模型的性能。

单概念网络模型在 Gigaword 测试集上的 ROUGE 评测结果如表 2.2 所示。

表 2.2　单概念网络模型在 Gigaword 测试集上的 ROUGE 评测结果

模型	ROUGE-1	ROUGE-2	ROUGE-L
ABS（2015）	29.55	11.32	26.42
ABS+（2015）	29.76	11.88	26.96
RAS-Elman（2016）	33.78	15.97	31.15
Luong-NMT（2016）	33.10	14.45	30.71
Lvt2k-1sent（2016）	32.67	15.59	30.64
Lvt5k-1sent（2016）	35.03	16.97	32.62
Pointer-generator（2016）	35.98	15.99	33.33

续表

模型	ROUGE-1	ROUGE-2	ROUGE-L
SEASS（2017）	36.15	17.54	33.63
seq2seq+select_MTL+ERAM（2018）	35.33	17.27	33.19
CGU（2018）	36.30	**18.00**	33.80
Single-concept network	36.15	16.29	33.61
Single-concept network + RL	**37.93**	16.70	**35.32**

从表 2.2 中可以看到，基于单概念网络模型的表现超过了大部分的基线模型，相比指针生成器网络模型，该模型在 ROUGE-1、ROUGE-2 和 ROUGE-L 指标上均有一定的提升，说明加入概念网络后，在 Gigaword 测试集上，模型更能生成一些和参考文摘相同的词汇，而且模型在文本全文内容的总结上更优秀，同时也说明了模型生成的文摘和人工总结的文摘更为接近，概念网络模型生成文摘的方式和人工总结文摘的方式更为接近，这些都体现了概念网络在文摘模型中的优势。单概念网络模型的 ROUGE-1 和 ROUGE-2 指标在 DUC-2004 测试集上表现并不好，但是在 Gigaword 测试集上表现较好，正如上文的分析，模型的表现与微软概念图中单词对应的输出概率最大的概念信息与测试集中单词语义信息的符合程度有关，两者越符合，模型表现越好；反之，模型表现越差。

经过强化学习后，模型在 ROUGE-1、ROUGE-2 和 ROUGE-L 指标上都有显著的提升，且远远超过了大部分的基线模型，尤其是 ROUGE-1 和 ROUGE-L 指标提升较为明显。

2. 基于多概念网络模型的文本摘要算法

在微软概念图中，如果单词对应的输出概率最大的概念词词义与单词在文本中的语义不符，将在很大程度上影响单概念网络模型的表现。为了解决这个问题，提出了多概念网络模型。基于多概念网络模型的文本摘要模型是先根据概念图找到文本中每个单词对应的多个候选概念词，然后再从这些候选概念词中选择一个最符合当前文本语义的概念词。其中，候选词的个数是一个较为关键的因素，为了确定候选词的数量，分别将候选概念词的数量设置为 2～5 个，并分别在 Gigaword 测试集和 DUC-2004 测试集上进行测试，根据不同候选概念词模型在测试集上的表现确定最终候选词的数量。

图 2.14 是在 Gigaword 测试集上模型 ROUGE 指标的折线图。横坐标是概念词的数量，纵坐标是 ROUGE 值。从折线图中可以看到，对于不同的候选概念词个数，各个 ROUGE 指标的差别不大。说明在 Gigaword 测试集上，候选词的数量对模型的影响不大。

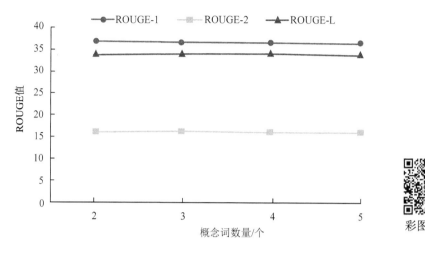

图 2.14　不同数量候选概念词模型在 Gigaword 测试集上的性能表现

　　图 2.15 是在 DUC-2004 测试集上模型 ROUGE 指标的折线图。横坐标是概念词的数量，纵坐标是 ROUGE 值。从折线图中可以看到，对于不同数量的候选概念词，ROUGE-2 指标的差别不大，当候选概念词的数量为 2 个时，ROUGE-1 和 ROUGE-L 的值最大，这说明在微软概念图中，输出概率高的概念词更有可能是单词在文本中的概念词。候选概念词越多，那些在微软概念图输出概率低的概念词就越有可能出现在候选概念词中，这在一定程度上对于模型选择概念词造成了一定的干扰。由折线图可以看出，当候选概念词的数量为 2 个时，既能使模型具有根据文本语义选择正确概念词的能力，同时在选择概念词时，也不会有太多的错误概念词对模型的选择过程进行干扰。因此，将候选概念词的数量设置为 2 个较好。

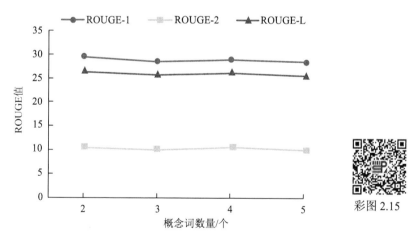

图 2.15　不同数量候选概念词模型在 DUC-2004 测试集上的性能表现

　　多概念网络模型在 DUC-2004 测试集上的 ROUGE 评测结果如表 2.3 所示。

表 2.3　多概念网络模型在 DUC-2004 测试集上的 ROUGE 评测结果

模型	ROUGE-1	ROUGE-2	ROUGE-L
ABS（2015）	26.55	7.06	22.05
ABS+（2015）	28.18	8.49	23.81
RAS-Elman（2016）	28.97	8.26	24.06
LenEmb（2016）	26.73	8.39	23.88
Luong-NMT（2016）	28.55	8.79	24.43
Lvt2k-1sent（2016）	28.35	9.46	24.59
Lvt5k-1sent（2016）	28.61	9.42	25.24
Pointer-generator（2016）	28.28	10.04	25.69
SEASS（2017）	29.21	9.56	25.51
seq2seq+select_MTL+ERAM（2018）	29.33	10.24	25.24
Multi-concept network	29.17	10.19	26.40
Multi-concept network + RL	29.46	10.32	26.80
Multi-concept network + DS	**29.62**	**10.59**	**26.82**

从表 2.3 中可以看出，在 DUC-2004 测试集上，相比于单概念网络模型，通过文本语义选择合适的概念后，多概念网络模型生成文摘的 ROUGE 指标有了明显的提升，这说明经过概念词选择后，文本中单词对应的概念词的词义更符合当前文本语义。

另外，多概念网络模型生成的文摘在 ROUGE-1、ROUGE-2 和 ROUGE-L 指标上相比于指针生成器网络模型也均有了提升，而且 ROEGE-L 超过了全部的基线模型，这说明经过加入概念指针生成器网络后，模型具有了生成概念词和抽象词的能力，这使模型能够生成更高质量的文摘。

在使用交叉熵损失函数训练模型的基础上，实验分别使用了强化学习和远程监督方式训练模型。其中经过强化学习后，模型的 ROUGE 指标超过了全部的基线模型，尤其是 ROUGE-1 和 ROUGE-L 指标，提升较为明显。这说明经过强化学习后，模型生成的单词和参考文摘更为接近，模型更能生成一些和参考文摘相同的词语，而且模型在文本全文内容的总结上更加优秀。从 ROUGE 指标上可以看出，融合概念网络和强化学习的文本摘要算法能够取得显著的改进效果。另外，在交叉熵训练模型的基础上，使用远程监督的训练方式，模型能够使用远程监督方式对当前的测试环境做针对性的训练。经过远程监督训练模型后，模型的 ROUGE 指标进一步得到了提升，而且超过了模型经过强化学习后的所有 ROUGE 结果。

多概念网络模型在 Gigaword 测试集上的 ROUGE 评测结果如表 2.4 所示。

表 2.4　多概念网络模型在 Gigaword 测试集上的 ROUGE 评测结果

模型	ROUGE-1	ROUGE-2	ROUGE-L
ABS（2015）	29.55	11.32	26.42
ABS+（2015）	29.76	11.88	26.96
RAS-Elman（2016）	33.78	15.97	31.15
Luong-NMT（2016）	33.10	14.45	30.71
Lvt2k-1sent（2016）	32.67	15.59	30.64
Lvt5k-1sent（2016）	35.03	16.97	32.62
Pointer-generator（2016）	35.98	15.99	33.33
SEASS（2017）	36.15	17.54	33.63
seq2seq+select_MTL+ERAM（2018）	35.33	17.27	33.19
CGU（2018）	36.30	**18.00**	33.80
Multi-concept network	36.62	16.40	33.98
Multi-concept network + RL	**38.02**	16.97	**35.43**
Multi-concept network + DS	37.93	16.70	35.32

从表 2.4 可以看出，在 Gigaword 测试集上，多概念网络模型生成文摘的 ROUGE 指标相比于单概念网络模型有了明显提升，ROUGE-1、ROUGE-2 和 ROUGE-L 相比于指针生成器网络模型也均有所提升，而且 ROUGE-1 和 ROUGE-L 指标超过了全部基线模型，这说明经过加入多概念指针生成器网络后，模型更能生成一些和参考文摘相同的、具有抽象性的词汇，这使模型能够生成更高抽象层次的文摘。结合多概念网络模型在 DUC-2004 测试集上的表现，可以得出结论，多概念网络模型能够通过提高模型生成概念词的能力来提升模型的表现。

经过强化学习后，模型的 ROUGE 指标进一步得到提升，尤其是 ROUGE-1 和 ROUGE-L 指标，提升较为明显。说明经过强化学习后，模型生成的单词和参考文摘更为接近，而且模型能够在文本全文内容的总结上更加优秀。另外，在交叉熵训练模型的基础上，继续使用远程监督的方式训练模型，从表 2.4 中可以看出，经过远程监督训练模型后，相比于交叉熵训练的模型，模型的 ROUGE 指标进一步得到了提升。

结合经过远程监督训练的多概念网络模型在 DUC-2004 测试集上的表现，可以得出结论，远程监督训练能够找到那些与测试语料相关的训练语料，并通过提升这些训练语料对模型的影响程度来提升模型的表现。

2.3.5　模型效果对比分析

尽管 ROUGE 指标能够在很大程度上客观反映文摘的质量，但是一篇文章并不是只有一个固定的文摘,对于同一篇文章不同的人会根据自己的理解写出不同的文摘。这样,如果模型生成的文摘和参考文摘语义相似,只是在用词上和参考文摘不同也会导致 ROUGE 指标不高。因此,本实验在使用 ROUGE 指标评测文摘质量的同时也采用了人工评测的方式评价模型的性能表现,而且也统计了不同模型中未登录词的数量以及对不同模型的抽象性进行了对比分析,最后通过具体案例分析不同模型的性能表现。

1. 人工评测

人工评测是指由人直接从文摘抽象性和文摘整体表现这两方面评测文摘的质量,是用人的判断来评价模型的性能表现。其中,文摘抽象性是指文摘正确总结文本内容的程度;文摘整体表现包括多方面的指标,主要有文摘包含的信息量、与文本的关联程度、流畅性、简洁性等内容。

实验从 DUC-2004 测试集中随机抽取 20 个样本,并请 20 名研究生志愿者进行评估。每个样本包括 1 篇文章和 3 个摘要,3 个摘要是分别由 seq2seq+attention 模型、指针生成器网络模型和多概念网络模型生成的文摘,其中多概念网络模型是通过交叉熵损失函数训练的模型,没有经过强化学习或者监督学习进行训练。志愿者分别根据抽象性和整体表现为每篇文章选择适当的摘要(可以是多种选择)。值得注意的是,选项是被随机打乱的,以免干扰志愿者的选择。最后,统计得到 3 个模型分别被选中的数量,并求得平均数。具体结果如表 2.5 所示。

表 2.5　人工评测结果

模型	抽象性	整体表现
seq2seq+attention	5.85	5.65
Pointer generator	8.95	8.10
Multi-concept network	10.00	9.60

从表 2.5 可以看出,在随机抽取的 20 个样本中,概念网络模型大约有 10 个样本被志愿者认为在抽象性方面表现很好,指针生成器模型大约有 9 个样本被认为在抽象性方面表现很好,而 seq2seq+attention 模型大约仅有 6 个样本被认为在抽象性方面表现很好,之所以会出现这三者的样本数相加大于样本总数的情况,是因为每篇文章可以对应多个文摘,这也可以说明某 2 个甚至 3 个模型生成的文摘在抽象性方面的表现都很优秀。

在整体表现方面,概念网络模型大约有 10 个样本被认为表现很好,指针生成器模型和 seq2seq+attention 模型被认为表现优异的样本数分别为 8 和 6。由此可以说明,概念网络模型表现在抽象性和整体质量方面均优于 seq2seq+attention 模型和指针生成器网络模型。进一步说明了多概念网络模型更具备生成概念词和抽象词的能力,这使得模型能够生成更高质量的文摘。

2. 未登录词对比

文摘中 UNK 的个数能在一定程度上反映文摘的质量。模型生成的文摘中 UNK 的比例越高，说明模型性能越差；反之，说明模型性能越好。在 Gigaword 测试集和 DUC-2004 测试集上分别计算了 seq2seq+attention 模型、指针生成器网络模型和多概念网络模型生成的文摘中 UNK 的数目，然后计算出 UNK 的个数占文摘所有单词个数的比例。具体结果如表 2.6 所示。

表 2.6　未登录词对比结果 单位：%

模型	Gigaword	DUC-2004
seq2seq+attention	4.02	2.08
Pointer generator	1.16	0.31
Multi-concept network	1.12	0.23

从表 2.6 中可以看出，seq2seq+attention 模型在 Gigaword 测试集上生成的文摘中未登录词的比例为 4.02%，在 DUC-2004 测试集上生成的文摘中未登录词的比例为 2.08%；指针生成器网络模型在 Gigaword 测试集上生成的文摘中未登录词的比例为 1.16%，在 DUC-2004 测试集上生成的文摘中未登录词的比例为 0.31%。由此可见，加入指针生成器后，模型生成了更少的未登录词，这是因为，指针生成器赋予了文本单词直接输出的概率，在很大程度上缓解了未登录词问题。在多概念网络模型中，未登录词的比例更低，在 Gigaword 测试集上生成的文摘中未登录词的比例为 1.12%，在 DUC-2004 测试集上生成的文摘中未登录词的比例为 0.23%。这是因为概念网络模型不仅有指针生成器，而且拥有概念指针生成器，而概念指针生成器赋予了概念词直接输出的概率。统计结果也证明了多概念网络模型能够在一定程度上缓解未登录词问题，且比指针生成器网络模型有更好的性能。

3. 抽象性对比

根据 Chen 等[24]提出的抽象性评测方法对模型生成文摘的抽象性进行对比分析。根据模型生成文摘中的 n-grams 不在原文本中的个数，计算其在文摘中的占比，比例越高，说明模型的总结能力越好，能够真正在理解原文本的基础上对原文本进行抽象总结。在 Gigaword 测试集上随机抽取了 10 条数据，分别计算了指针生成器模型、多概念网络模型和参考摘要（reference summary）的抽象性。具体结果如表 2.7 所示。

表 2.7　抽象性对比结果　　　　　　　　　　　　　　　单位：%

模型	1-gram	2-gram	3-gram
Pointer generator	14.3	41.9	63.4
Multi-concept network	17.2	45.8	68.5
Reference summary	25.4	65.6	78.4

从表 2.7 中可以看出，参考文摘中 1-gram 不在原文本中的比例为 25.4%，2-gram 不在原文本中的比例为 65.6%，3-gram 不在原文本中的比例为 78.4%，均超过了指针生成器网络模型和多概念网络模型。这是因为人工书写文摘时是先理解原文本的主旨思想，然后根据自己的理解写成文摘，因此参考文摘的抽象性更好，这也是生成式文摘模型想要达到的效果。多概念网络模型新生成的 1-gram、2-gram 和 3-gram 个数均超过了指针生成器模型，其中 1-gram 提高了 2.9%，2-gram 提高了 3.9%，3-gram 提高了 5.1%。从结果上来看，多概念网络模型比指针生成器模型的表现更好，生成的文摘更接近人工生成的文摘。这是因为多概念网络模型提升了文本中的单词对应概念词的输出概率，因此能够生成更多不在原文本中的词汇，并且生成的文摘抽象总结能力更好。这些结果都说明了多概念网络模型在产生抽象概念方面更有优势。

4. 案例分析

通过统计，可以发现在 DUC-2004 测试集上，多概念网络模型生成的摘要平均有 9.15 个单词，而指针生成器网络模型生成的摘要平均有 9.85 个单词。而且多概念网络的 ROUGE 评测和人工测试分数都比指针生成器模型高，这在一定程度上表明多概念网络模型能够以更少的文字表达出文本的核心思想，即更具备总结性。下面将通过具体的案例分析不同模型的性能表现。

表 2.8 列出了 3 个例子。每个例子中包含一篇文章、参考摘要和不同模型生成的文摘，其中多概念网络模型是通过交叉熵损失函数训练的模型。在第一个例子中，seq2seq+attention 模型生成的文摘能够表达出原文本的主要内容，但是可读性较差。

指针生成器网络模型生成了错误的文摘，应该是伊朗队的马不能参加亚运会，而不是伊朗队不能参加亚运会。对于多概念网络模型生成的文摘，不仅能够表达出原文本的主要内容，而且可读性较好。在第二个例子中，seq2seq+attention 模型生成的文摘没有体现"incumbent"或"illegal"这一关键信息，而指针生成器网络模型生成的文摘没有将"asian development bank"缩写为"adb"，这使得文摘的简洁性较差。多概念网络模型生成的文摘不仅将"asian development bank"缩写为"adb"，而且用"incumbent government"准确地表示了原文的意思。在第三个例子中，seq2seq+attention 模型生成的文摘正确表达了文章的主旨，但若是能够加上关键词"first"就更加完美了。指针生成器网络模型能够直接从文摘中选词，在文摘中体现了"first"的信息，但是语义有一定程度的错误，而且没有体现"writer"信息。概念网络模型能够给予概念词输出概率，因此"saramago"更抽象的概念词"writer"的输出概率得到加强；而多概念网络模型融合了指针生成器和概念指针生成器，因此在概念网络模型中，既体现出"first"的信息，又体现出"writer"的信息。

表2.8　各模型在DUC-2004数据集上生成摘要的实例1

文章内容	参考摘要	模型	摘要实例
horses belonging to Iran's equestrian team will not be allowed to compete in next month's Asian games because they failed to meet the requirements of the games' veterinary commission, the Thai organizers announced thursday	horses of Iran's equestrian team flunk Asian games test	seq2seq+attention	disqualified Iranian horses excluded from Asian games
		Pointer generator	Iran won't be allowed to compete in next month's Asian games
		Multi-concept network	horses belonging to Iran will not be allowed to compete in Asian games
Cambodia's two-party opposition asked the Asian development bank monday to stop providing loans to the incumbent government, which it calls illegal	opposition asks end to loans to "illegal" Cambodian government	seq2seq+attention	Cambodian opposition asks ADB to stop giving government loans
		Pointer generator	Cambodian opposition asks Asian development bank to stop providing loans to embattled government
		Multi-concept network	Cambodian opposition asks ADB to stop giving loans to incumbent government
Saramago became the first writer in Portuguese to win the nobel prize for literature on thursday, his personal delight was seconded by a burst of public elation in his homeland	Saramago is the first writer in the Portuguese language to win nobel	seq2seq+attention	Portuguese writer Saramago wins nobel for literature
		Pointer generator	Saramago first wins nobel prize for literature in Portugal
		Multi-concept network	Saramago becomes first writer in Portuguese to win nobel literature prize

表2.9列出了一个例子，包含了经过强化学习和远程监督训练后的模型生成的文摘。在该例子中，指针生成器网络模型生成的文摘有一定的错误，而且不通顺、可读性差。多概念网络模型生成的文摘也存在同样的问题，但多概念网络模型经过强化学习后，能够生成具有正确语义的文摘，且语句通顺。经过远程监督训练后，生成的文摘对原文的描述更加准确，而且能够使用"hinge on"代替"depend on"，说明该模型在更深层次上理解了文本信息。

表 2.9　各模型在 DUC-2004 数据集上生成摘要的实例 2

文章内容	参考摘要	模型	摘要实例
president Fernando Henrique Cardoso's efforts to repair the largest economy in Latin America may depend on the outcome of this weekend's gubernatorial elections.	Cardoso's economic efforts may depend on upcoming gubernatorial elections.	Pointer generator	Brazil's silva may depend on outcome of gubernatorial elections
		Multi-concept network	Brazilian president seeks to depend on outcome of presidential elections
		Multi-concept network + RL	Brazil's president's efforts to Latin America may depend on local elections
		Multi-concept network + DS	Cardoso's efforts to repair Latin American economy may hinge on outcome of elections

通过案例分析，可以发现多概念网络模型的主要行为仍然是由指针生成器复制原文本的片段，然后将它们重新组织为摘要。由于增加了概念指针生成器，与基线模型相比，多概念网络模型确实能够在一定程度上更倾向于产生抽象概念词，而且能够生成更加简洁流畅的文摘。经过强化学习和远程监督训练模型后，模型的表现更好。

本 章 小 结

文本生成任务当前流行的结合注意力机制的编码-解码框架的输出具有较强的灵活性，但在实际应用中，存在难以生成抽象性较高词的问题。针对此问题，可以利用可控的方法影响生成器端的输出概率，提高其生成抽象性更强的概念词的能力。本章提出了概念指针生成器网络。通过概念指针生成器网络赋予文本中每个单词对应概念词一定的输出概率，对生成阶段进行控制，同时在交叉熵损失函数的基础上进一步使用强化学习和远程监督方式优化模型，以此来提高模型的表现。然后，将模型在 Gigaword 测试集和 DUC-2004 测试集上进行测试，并与基线模型进行了对比分析，证明了模型的有效性。

参 考 文 献

[1] CHO K, VAN MERRIENBOER B, GÜLÇEHRE Ç, et al. Learning phrase representations using RNN encoder-decoder for statistical machine translation [C]// Conference on Empirical Methods in Natural Language Processing. Doha: ACL, 2014: 1724-1734.

[2] KALCHBRENNER N, BLUNSOM P. Recurrent continuous translation models [C]// Conference on Empirical Methods in Natural Language Processing. Seattle: ACL, 2013: 1700-1709.

[3] BAHDANAU D, CHO K, BENGIO Y. Neural machine translation by jointly learning to align and translate [C/OL]// (2014-09) [2022-05-05]. International Conference on Learning Representations. San Diego: arXiv. https://arxiv.org/abs/1409.0473.

[4] BENGIO Y,DUCHARME R, VINCENT P, et al. A neural probabilistic language model [J]. Journal of Machine Learning Research, 2003, 3: 1137-1155.

[5] SCHUSTER M, PALIWAL K K. Bidirectional recurrent neural networks [J]. IEEE Transactions on Signal Processing, 1997, 45 (11): 2673-2681.

[6] HOCHREITER S, SCHMIDHUBER J. Long short-term memory [J]. Neural Computation, 1997, 9 (8): 1735-1780.

[7] GERS F. Long short-term memory in recurrent neural networks [D]. [S. l.]: Verlag Nicht Ermittelbar, 2001.

[8] GREFF K, SRIVASTAVA R K, KOUTNÍK J, et al. LSTM: A search space odyssey [J]. IEEE Transactions on Neural Networks and Learning Systems, 2017, 28 (10): 2222-2232.

[9] XU K, BA J, KIROS R, et al. Show, attend and tell: neural image caption generation with visual attention [C]// International Conference on Machine Learning. Lille: ICML, 2015: 2048-2057.

[10] VASWANI A, SHAZEER N, PARMAR N, et al. Attention is all you need [C]// In Advances in Neural Information Processing Systems 30: Annual Conference on Neural Information Processing Systems. Long Beach: NIPS, 2017: 6000-6010.

[11] VINYALS O, FORTUNATO M, JAITLY N. Pointer networks [C]// In Advances in Neural Information Processing Systems 28: Annual Conference on Neural Information Processing Systems. Montreal: NIPS, 2015: 2692-2700.

[12] SEE A, LIU P J, MANNING C D. Get to the point: summarization with pointer-generator networks [C]// In Proceedings of the 55th Annual Meeting of the Association for Computational Linguistics. Vancouver: ACL, 2017: 1073-1083.

[13] CHENG J, LAPATA M. Neural summarization by extracting sentences and words [C]// In Proceedings of the 54th Annual Meeting of the Association for Computational Linguistics. Berlin: ACL, 2016: 484-494.

[14] WU W, LI H, WANG H, et al. Probase: a probabilistic taxonomy for text understanding [C]// In Proceedings of the ACM SIGMOD International Conference on Management of Data. Scottsdale: SIGMOD, 2012: 481-492.

[15] OVER P, DANG H, HARMAN D. DUC in context [J]. Information Processing & Management, 2007, 43 (6): 1506-1520.

[16] RUSH A M, CHOPRA S, WESTON J. A neural attention model for abstractive sentence summarization [C]// In Proceedings of the 2015 Conference on Empirical Methods in Natural Language Processing. Lisbon: EMNLP, 2015: 379-389.

[17] KIKUCHI Y, NEUBIG G, SASANO R, et al. Controlling output length in neural encoder-decoders [C]// In Proceedings of the 2016 Conference on Empirical Methods in Natural Language Processing. Austin: EMNLP, 2016: 1328-1338.

[18] LUONG T, PHAM H, MANNING C D. Effective approaches to attention-based neural machine translation [C]// In Proceedings of the 2015 Conference on Empirical Methods in Natural Language Processing. Lisbon: EMNLP, 2015: 1412-1421.

[19] CHOPRA S, AULI M, RUSH A M. Abstractive sentence summarization with attentive recurrent neural networks [C]// The 2016 Conference of the North American Chapter of the Association for Computational Linguistics: Human Language Technologies. San Diego: ACL, 2016, 2016: 93-98.

[20] NALLAPATI R, ZHOU B, DOS SANTOS C N, et al. Abstractive text summarization using sequence-to-sequenceRNNs and beyond [C]// In Proceedings of the 20th SIGNLL Conference on Computational Natural Language Learning. Berlin: CoNLL, 2016: 280-290.

[21] ZHOU Q, YANG N, WEI F, et al. Selective encoding for abstractive sentence summarization [C]// In Proceedings of the 55th Annual Meeting of the Association for Computational Linguistics. Vancouver: ACL, 2017: 1095-1104.

[22] LI H, ZHU J, ZHANG J, et al. Ensure the correctness of the summary: incorporate entailment knowledge into abstractive sentence summarization [C]// In Proceedings of the 27th International Conference on Computational Linguistics. Santa Fe: COLING, 2018: 1430-1441.

[23] LIN J, SUN X, MA S, et al. Global encoding for abstractive summarization [C]// In Proceedings of the 56th Annual Meeting of the Association for Computational Linguistics. Melbourne: ACL, 2018: 163-169.

[24] CHEN Y, BANSAL M. Fast abstractive summarization with reinforce-selected sentence rewriting [C]// In Proceedings of the 56th Annual Meeting of the Association for Computational Linguistics. Melbourne: ACL, 2018: 675-686.

第 3 章
可解释信息抽取

文本摘要技术作为一种有价值的文本压缩方法被广泛应用。随着神经网络的出现，不管是抽取式摘要还是生成式摘要，均取得了长足的进步。抽取式方法能够提取并拼接文本中的关键句作为摘要，而生成式方法能够重新对单词等句子元素重新排序，从预设词表中选择单词，进而生成更抽象的不同于原文的句子。然而，尽管如此，长文本语义的建模仍然存在困难。同时，由于目前的摘要生成模型不具备可解释性，对于系统最终输出的摘要缺少合理的可解释信息。针对上述问题，本章从模型的角度思考并构造抽象化的基于特征的属性，并根据文本关键字的概念语义的可解释信息，构建对原文档信息抽取的基础模型，增强摘要模型对文档中细粒度信息的把控能力。该可解释抽取模型作为一个重要的模块应用于摘要生成过程中，实现与生成模型的融合。

3.1 抽取式摘要相关技术

抽取式摘要的方法、理论发展较早，技术手段较为成熟，在业界被广泛应用。此类方法采用排序重组的方式从原文中选择多个重要的句子拼接为摘要，主要分为两大类别：基于无监督学习的方法，如聚类、图排序等；基于监督学习的方法，如借助机器学习、深度学习算法建模文本非线性特征预测摘要句等。在模型基本单元的选择上，除 RNN 外，常用的基本单元还有 Transformer，并且由于基于 Transformer 的 BERT 等预训练模型的提出，很多任务可以利用预训练模型的知识帮助抽取摘要。

3.1.1 Transformer 及预训练模型

1. 注意力机制

正如 2.1.2 小节中所介绍的，RNN 计算单元的作用是考虑了文档的全局信息，由于 RNN 单元的顺序结构限制了模型的训练速度，并面临文档对齐的问题，同时注意力机制也可以关注到全局信息，研究者开始思考能否去掉多余的结构，仅依赖注意力获取上下文间的联系，提高模型的并行训练能力。于是自注意力机制（self-attention）被 Vaswani 等[1]提出，而经过自注意力机制计算后的权重可以被表征为在某个位置编码一个词时，对输入句子其他部分的关注程度。其单元结构如图 3.1 和图 3.2 所示。

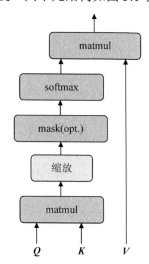

图 3.1　自注意力机制结构示意图

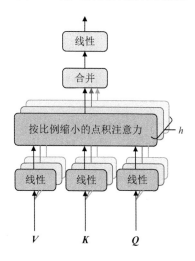

图 3.2　多头注意力机制结构示意图

首先自注意力机制模块会计算出 3 个嵌入向量 Q、K、V，分别代表 **Query**、**Key**、**Value**。3 个向量均来自同一输入 X，经由不同的参数矩阵变换得到，其中 W_Q、W_K、W_V 为模型训练过程可学习的参数，其计算公式为

$$Q = X \cdot W_Q \tag{3.1}$$

$$K = X \cdot W_K \tag{3.2}$$

$$V = X \cdot W_V \tag{3.3}$$

在计算自注意力分布时，利用上述 3 个变量，首先计算 Q 与 K 之间的点乘，然后除以缩放标量 $\sqrt{d_k}$，防止点乘的结果过大，其中 d_k 为特征向量的维度；再利用归一化指数函数将结果归一化为概率分布权重，然后与 V 相乘得到权重求和后的向量表示。具体公式为

$$\mathrm{attention}(Q, K, V) = \mathrm{softmax}\left(\frac{QK^{\mathrm{T}}}{\sqrt{d_k}}\right)V \tag{3.4}$$

为了提高模型的计算效率，在自注意力机制的基础上，Vaswani 等[1]提出了多头注意力机制（multi-head attention），实际上多头注意力机制相当于 N 个自注意力模块输出的集成。多头注意力机制也是之后 Transformer 的核心组件，在满足长距离序列中上下文信息表征的前提下，实现了模型的并行训练方式，提高了模型的效率，成为继循环网络之后又一大主流编码单元。

2. Transformer

（1）Transformer 的框架结构

提出 Transformer 的目的是解决序列到序列相关任务的问题，同时能够使模型处理文本序列长期依赖，结构本身仍然属于编码-解码框架范畴，由 Vaswani 等[1]首次提出。Transformer 完全摒弃了 RNN 循环建模长序列信息的方法，其整体结构完全以注意力机制作为模型的基础构架，由自注意力机制与前馈神经网络组成，抛弃了之前的 CNN 与 RNN 的网络。

Transformer 的本质为一个编码-解码框架结构，其内部结构与流程如图 3.3 所示。左边为编码器（encoder），读入输入向量并加入位置向量编码信息，然后计算相互之间的注意力并编码为隐藏层向量表示；右边为解码器（decoder），最终获得概率分布输出。Transformer 的核心组件主要包含 3 部分，即自注意力层、前馈神经网络以及用于衔接上述两个网络层、增加网络深度的残差连接。

在编码器中，输入数据首先会经过自注意力机制的模块通过加权和的方式获得文本表征的特征向量 Z。获得特征向量 Z 后，会被送入编码器的下一个模块——前馈神经网络（feed forward neural network，FFN）。前馈神经网络的本质是全连接层，包含两层结构：第一层为 ReLu 激活函数，第二层为线性激活函数。用公式表示为

$$\mathrm{FFN}(Z) = \max(0, ZW_1 + b_1)W_2 + b_2 \tag{3.5}$$

式中，W_1、W_2 为可学习的参数；b_1、b_2 为模型偏置项。

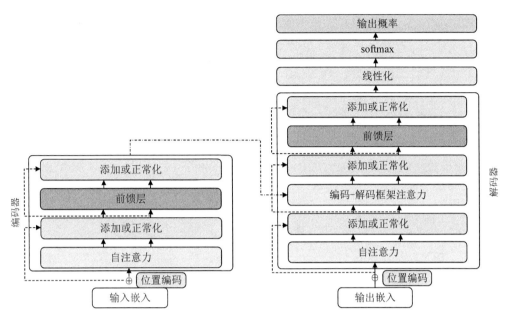

图 3.3　Transformer 模型的内部结构与流程

在解码器中，模型的结构与编码器大致相同，均包含自注意力（图 3.3 右下部分）和前馈神经网络，不同点是解码器多了一个从编码器指向解码器的注意力（图 3.3 右上部分）。两个注意力的作用不同。

彩图 3.3

① 自注意力的作用：当前预测的编码表示与已预测的前文编码表示之间的关系。

② 编码-解码框架注意力的作用：预测词的特征向量与编码器特征向量之间的关系。

（2）位置编码

与 LSTM 循环神经网络不同，Transformer 模型捕捉顺序序列的能力，主要在于编码向量表示时引入的位置编码（positional embedding，PE）的特征。位置编码会在单词特征向量中加入位置信息，从而使模型能够区分不同位置的单词。位置特征主要通过设计位置编码规则引入。编码规则见式（3.6），这里不同维度上的正弦/余弦的波长从 2π 到 $10000\times2\pi$ 都具有，使每个特征维度上都包含一定的位置信息，而各个位置字符的位置编码又各不相同。

$$\mathrm{PE}\left(\mathbf{pos}, 2i\right) = \sin\left(\frac{\mathbf{pos}}{10000^{\frac{2i}{d_{\mathrm{model}}}}}\right) \tag{3.6}$$

式中，$\mathbf{pos}$ 表示单词的位置；i 为单词的维度；d_{model} 为特征向量的编码长度。

这种位置编码规则主要考虑了单词之间的相对位置，为模型捕捉文档中单词间的相对位置关系提供了较好的建模方法。

（3）Transfomer 网络结构的优点

与 CNN、RNN 相比，基于上述配置的 Transformer 网络结构具有以下两个优点。

1）计算并行进行、提高训练速度。RNN 在训练过程中，当前时刻的计算要依赖上一时刻的隐藏层单元，类似于流水车间，每次计算都需要等待上一时刻计算完成后才能开始当前时刻的计算。Transformer 由于自注意力机制的存在使所有交互计算都可以并行进行，能够提升训练效率，非常适合当下 GPU 的主流硬件环境。

2）建立直接的长距离依赖。RNN 中的长距离依赖往往需要通过前序时刻的积累，在这个过程中很可能因为之前一次错误的编码，降低整个编码结果的准确性。Transformer 由于自注意力机制的存在，任意两个时刻之间都可以进行直接的交互，代替了积累的过程，从而建立直接的依赖。

3. BERT

（1）BERT 的模型结构

在 Transformer 的基础上，Devlin 等[2]提出了性能更好的预训练编码模型——BERT，在多项任务中刷新了最佳成绩。与 RNN、CNN 的运算单元不同，BERT 模型采用了多层双向 Transformer 作为运算模块，能够更好地捕捉词语在上下文语境中蕴含的信息，模型结构如图 3.4 所示。

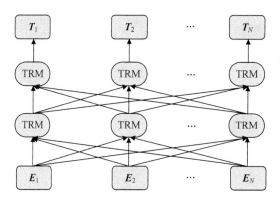

图 3.4　BERT 的模型结构示意图

在 BERT 的模型结构图中，E_i 代表模型的输入向量，TRM 代表 Transformer 的编码器组件，从图中可以看出 BERT 是通过 N 个 Transformer 的叠加进行计算的，这也是其论文标题"Attention is all you need"的体现。T_i 代表 BERT 预训练模型的输出向量。BERT 模型的输入如图 3.5 所示，包含 3 种级联向量，即词向量（token embedding）、句段嵌入向量（segment embedding）、位置向量（position embedding），进行级联加和操作。

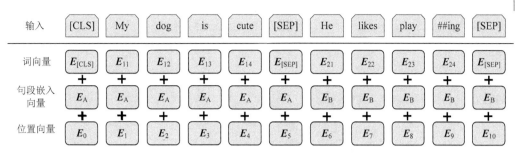

图 3.5　BERT 编码模型的输入

1）词向量即单词特征向量，包括上万个词汇的字节字段编码向量。

2）句段嵌入向量用来区别句段，如第一个句子 A 可以用与句子中单词个数相同的字符零来表示，第二个句子则用字符 1 表示，这样交替进行。

3）位置向量即位置编码向量，代表每个输入单词在序列中的位置信息，以此来引入单词的位置或者时序的差异，提高编码的准确性。

此外，从图中还可以注意到[CLS]和[SEP]这类特殊符号：[CLS]作为每个句子开头的标记，经过模型训练之后，上述标记的隐藏层向量被当作一个句子的表示；句子与句子之间通过[SEP]标记进行分割。

（2）BERT 模型的训练方法

BERT 模型的预训练方法有两种：一种为完形填空；另一种为邻句预测。两种方法共同作用于更新 BERT 中的大量参数。但是由于 BERT 模型的预训练需要耗费企业级的运算设备，如深度学习专用芯片——张量处理器（tensor processing unit，TPU），因此后期对于 BERT 模型的应用主要集中在基于某个领域任务数据集上的精调（fine tune）上，即在 BERT 开源的预训练模型基础上，通过增加网络的层数引入少量参数，并使用领域内的数据进行参数更新，应用到 NLP 的子任务中。BERT 模型成功证明了语言迁移模型的有效性，同时机器对语言表示的理解能力仍然是自然语言处理中最重要的模块，而BERT 算法在之后的应用上也具有很大的优化空间。

3.1.2　基于无监督学习的抽取式摘要

在无监督学习方法中，较为常用的有 Lead-3、聚类、图排序等算法。

传统方法中 Lead-3 的假设前提较为直接——文章的相关主题往往会通过标题与文章第一段表达出来。因此，最简单直接的方法就是抽取文章的前 3 句话作为文章的最终摘要，实验证明这种方法确实简单有效，到目前为止仍被用来作为模型对比的基线，但是该方法与摘要的文本类型有很大关系，且假设前提过于理想化。

基于聚类的自动文摘算法将文章中的每个句子视作一个节点，然后把相似的句子利用静态分类的方法分成不同的组别或者更多的子集,计算所有句子节点与聚类中心的距离或者相似度,并依据相似度得分从高到低选取 k 个句子组成摘要。例如,K-means 文本聚类算法[3],采用句子的相似度距离作为相似性的评价指标,通过多次迭代后直到算法收敛聚合为多个集合,然后在不同的集合中观察并选取距离聚类中心最近的句子,拼接为最终的摘要,而在计算距离前往往采用一些标准化的向量表示,如 Word2Vec,将文本表示成向量的形式,然后计算欧几里得距离作为两个文本向量的相异度。计算公式为

$$d(\boldsymbol{X}, \boldsymbol{Y}) = \sqrt{(x_1 - y_1)^2 + (x_2 - y_2)^2 + \cdots + (x_n - y_n)^2} \tag{3.7}$$

除欧几里得距离外,常用作度量向量相异度的方法还有曼哈顿距离、闵可夫斯基距离。

在无监督算法中,基于图方法的抽取式摘要也取得了不错的实验效果,而基于文本中心度的概念最早在这一类模型中出现,如常使用的 TextRank 算法。与聚类方法不同,TextRank 的灵感来源于网页图排序算法 PageRank。计算公式为

$$\mathrm{TR}(v_i) = \frac{1-d}{n} + d\left\{ \sum_{v_j \in \mathrm{In}(v_i)} \frac{W_{ji}}{\sum_{v_k \in \mathrm{Out}(v_j)} W_{jk}} \mathrm{TR}(v_j) \right\} \tag{3.8}$$

式中,$\mathrm{TR}(v_i)$ 为节点 v_i 的排序值;$\mathrm{In}(v_i)$ 为节点 v_i 的前驱节点集合;$\mathrm{Out}(v_j)$ 为节点 v_j 的后继节点集合;d 为平滑因子;权重项 W_{ji} 用来表示两个节点之间连接边的重要程度。

该算法将文本按句子的标准切分成完整的单句后,把每个句子作为图中的节点,句子与句子之间的关系作为边,通常以句间向量相似度得分作为边的值。在图构建完成之后就可以计算整篇文章的 TextRank 值,该值表征了文本中句子的重要性预测得分,作为文本的中心度分布,选取得分高的 N 个句子组成摘要。在之后,随着对图排序算法研究的深入,在 TextRank 算法的基础上出现了很多的变体,如 LexRank、SingleRank[4]、ExpandRank[5]等算法。

上述多种基于无监督的摘要算法,均具有模型构建简单、语言弱相关的特点,同时对标注数据要求不高,节约了一定的精力与时间。其中的很多算法也沿用至今,具有一定的启发性价值,但是由于无监督学习并未深度挖掘和利用数据关系,仍然有较大的提升空间。

3.1.3　基于有监督学习的抽取式摘要

基于有监督学习的自动文摘算法得益于机器计算性能的提升以及大量文本数据的涌现。通过对数据集中的语料进行人工标注,然后用于模型参数的训练,而基于这种标注数据的训练能够帮助模型充分挖掘数据之间的关系,在学习到数据中的特定

属性后，预测未被标注语料中的句子并进行排序。通常，基于有监督学习的抽取式摘要往往被建模为序列抽取任务，即以原文中每个句子为单位，进行二分类标注（0 代表该句不属于摘要句，1 代表该句属于摘要句），以此来训练一个二分类模型，在未标注语料上使用上述模型进行预测时，会得到文本中所有句子是否为摘要句的预测概率，选取其中得分高的 k 个句子组成摘要。Liu[6]在使用 BERT 的编码文档作为输入的基础上，对输入层和 Fine-tuning 层进行了修改，使其适用于抽取式摘要模型，并在两个通用数据集上取得了不错的效果。基于序列标注任务的抽取式摘要模型如图 3.6 所示。

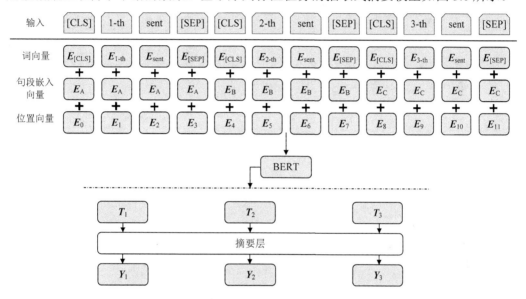

图 3.6　基于序列标注任务的抽取式摘要模型

图中，摘要层（summarization layer）为分类层，主要思想是将文本中的句子单元按照二分类的建模方式进行分类，选择模型预测分值高的句子单元拼接成摘要，而模型上半部分 BERT 的编码结构后文会进行介绍，这里不再赘述。

抽取式摘要的无监督算法（Lead-3、聚类、图排序等）与有监督算法（二分类）为自动文本摘要任务提供了不同的解决思路，但是针对文本内部深层的一些语义信息，以及文章句子之间的结构关系特征的建模仍然具有很大的提升空间；直接将文本摘要任务建模为序列标注的思路能够很好地预测文章中重要句子的分布情况，但是从模型整体来说存在以下问题：一是缺少灵活性、不符合人们阅读的习惯；二是生成的摘要来源于文章句子，缺乏创作性。仅针对分类任务而言，抽取式摘要模型对句子重要性预测确实取得了比较好的效果。从结果来看，抽取式模型能够较好地分辨文章中的主从信息。

3.2　可解释性信息抽取模型

信息抽取的方法起源于对文章冗余信息过滤的逻辑，文本摘要任务的作用是对文档的内容进行相应压缩，最后以几句梗概的形式作为输出。在这个过程中需要大量的信息过滤工作，因而需要对原文中的冗余信息进行分辨。对于抽取模型来说，过滤整篇文章实现起来并不是非常困难的，但是对于文章的整体连贯性来说，简单的信息过滤并不能提升最终生成的摘要质量，甚至可能对一些文章本身多样化的信息造成损失。因为根据人们的阅读习惯，在获取一篇文章的摘要时，往往会先通读整篇文章的内容，然后关注内部重要的信息（如显著性信息、主题相关性信息和主题多样性信息），然后基于这些信息进行文章的总结，而不是以删除文章中的冗余句子信息作为前提；同时，进行信息过滤时，往往利用句子向量与文章向量之间的相似度来确定句子的重要性，并作为过滤的标准，但是在一篇长文中动辄会有上千个词，而一个单句的长度往往只有几十个词。在向量映射的过程中通常是将句子与文档映射到同一特征维度中，这个过程本身就存在大量的信息损失，因而相似度的比较并不能很好地作为句子重要性的依据。

基于以上两点考虑，研究者期望抽取模型能够做的事情不仅仅是执行一个分类预测任务，简单分辨出哪些句子需要被过滤。模型应该具备一定意义上的理解能力，即对文章中的句子进行更细粒度的划分，包括文章全局的中心度信息。同时，在确定中心度的方式上，更应该考虑句子之间的交互关系，而非以句子向量和文档向量这样不平衡的向量相似度作为句子重要性的评价标准。同时，由于目前在涉及信息抽取的工作中，很大程度上都依赖于黑盒决策的方法，并未基于一些信息原理解释该句重要性高的原因，而Peyrard[7]则对摘要的概念提出了较严格的定义，包括冗余度（redundancy）、相关性（relevance）、信息性（informativeness）3个指标。与人类阅读习惯不同的是，需要为机器建模对这些基本概念的理解，使其在文本摘要的生成过程中确实起到作用，同时使可解释性的选择更具备理论基础，突破传统的黑盒决策的方式。

传统信息抽取方式的不足之处，也是可解释信息抽取的出发点。期望能够利用句子之间的关系，替代传统的句子与文档相似度计算的方式，缓解信息不平衡、信息损失的问题。同时，在此基础上可以为机器建模相关性、信息性等细粒度信息，使得信息抽取的过程打破黑盒决策的方式，在增加可解释性的同时，帮助机器更好地理解关于这些属性的信息，即确定候选摘要的信息量、是否与文档相关，以及候选摘要能否提高整体摘要的新颖程度。对于该信息抽取模型来说，既可以作为抽取模型直接输出最终文本，也可以作为可解释的模块将模型添加到生成式模型的架构中，指导摘要的生成。利用这种方式，既可以将可解释的信息经抽取器传递给生成器，避免摘要生成时出现一些不相关或者不必要的信息，同时也能利用生成式摘要的特点通过算法模型生成自然语言描述，而非仅提取原文的句子。

可解释信息的信息抽取模型就是基于上述理论基础以及出发点构建的。模型包括两个子模型，即基于特征属性的可解释模型和基于概念语义的可解释模型，两者共同助力模型获取文本潜在的中心度。

信息抽取模型如图 3.7 所示。

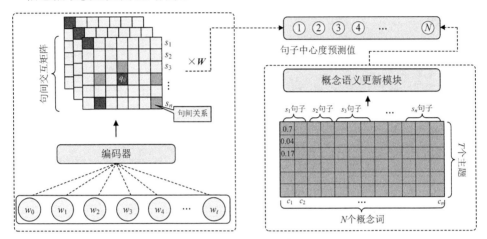

图 3.7　信息抽取模型

下面对文本特征向量表示的方法、细粒度可解释信息的构建方式、模型的训练方法以及可解释概念语义信息等模块分别展开介绍。

彩图 3.7

3.2.1　文本特征表示

3 种文本特征的编码方式分别为 LSTM、Transformer 和 BERT。

假设输入文档序列的单词集合为 $D = \{x_1, x_2, \cdots, x_n\}$，即包含 n 个词汇的输入序列，在 LSTM 编码过程中会以单词级别-句子级别的分层表示方法进行编码，而在 Transformer 编码过程中由于自注意力机制的存在，未采用单词级别-句子级别的分层级编码方式。同时，该编码过程在生成模型中与抽取模型保持一致，因此不再赘述。

1. 双向 LSTM 编码

首先需要对单词序列编码进行随机初始化，在之后的模型训练中更新初始的词向量。对于在 LSTM 编码方式中采用的具体策略是双向编码方式[8]（基本的 LSTM 单元在 2.1 节介绍过），通过将前向循环神经网络和后向循环神经网络的隐藏层拼接在一起获得之前时刻与后续时刻的信息。计算公式为

$$h_t = \text{concat}\left(\overrightarrow{h_t}, \overleftarrow{h_t}\right) \tag{3.9}$$

式中，$\overrightarrow{h_t}$ 为当前时刻前向循环神经网络的输出；$\overleftarrow{h_t}$ 为当前时刻后向循环神经网络的输出；h_t 为当前时刻的隐藏层向量。

在 LSTM 双向编码过程中，对于一篇文档来说，首先进行句子级别以及单词级别的划分，将词向量分别输入前向和后向 LSTM 编码单元中，得到基于单词级别的双向表示序列 $\left(w_1^f, w_2^f, \cdots, w_n^f\right)$ 和 $\left(w_1^b, w_2^b, \cdots, w_n^b\right)$，然后通过以下方式获取句子级别的输入，即

$$\text{sen}_j = \frac{1}{C_j} \sum_{i=\text{start}_j}^{\text{end}_j} \left[w_i^f, w_i^b\right] \tag{3.10}$$

式中，C_j 为一个句子中所包含的单词个数；在获取到句子级别的输入 sen_j 后，作为句子级别编码器（与词级别相同，为双向 LSTM 编码层）的输入。输入模型中，获得句子级别的最终编码表示 $\left(h_1^f, h_2^f, \cdots, h_n^f\right)$ 和 $\left(h_1^b, h_2^b, \cdots, h_n^b\right)$，然后计算获取最终的文档表示。计算公式为

$$d = \tanh\left(W_d \frac{1}{N_d} \sum_{i=1}^{N_d} \left[h_i^f, h_i^b\right] + b\right) \tag{3.11}$$

式中，W_d 为模型学习的参数；b 为偏置项。

上述公式的模型编码流程如图 3.8 所示。

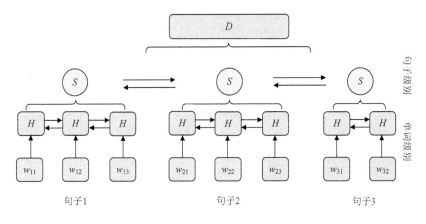

图 3.8　双向 LSTM 编码流程

图中，单词级别代表式（3.10）的工作流程，最终获取句子级别的输入；句子级别代表式（3.11）的工作流程，最终获取整个文档的表示。从上述编码过程也可以看出，基于循环神经网络的编码实际上是以串行的方式编码文档的上下文信息，这种编码特点虽然能够获得较好的向量表示，但是模型整体训练效率较低。

2. Transformer 编码

与 LSTM 循环神经网络一样，并行编码性能非常好的 Transformer 单元也可以作为编码单元，实现编码-解码框架的网络架构。Transformer 的自注意力机制与位置编码可以替代循环神经网络，同时能够并行训练。实验证明，Transformer 确实能够产生不错的编码表示效果。

信息抽取模型的基本架构均基于 Transformer 单元，由 4 个相同的 Transformer 层堆叠构成，其堆叠结构如图 3.9 所示。由于篇幅的原因，这里仅展示两层 Transformer 网络的堆叠。

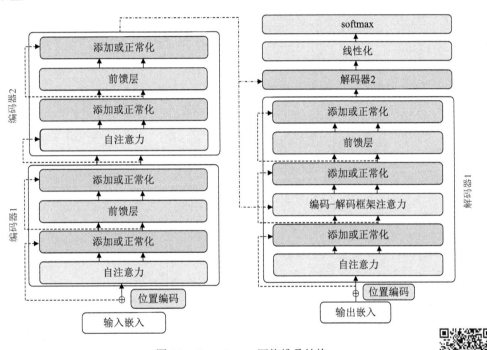

图 3.9　Transformer 网络堆叠结构

彩图 3.9

3. BERT 编码

在 Transformer 的基础上，BERT 预训练模型被用于编码器的实现过程，并在新闻语料数据集上进行微调，解决编码器与解码器参数不匹配的问题。实验证明，基于预训练模型的编码方式很大程度上提高了摘要的质量。

在 BERT 预训练编码过程中，使用 BERT 预训练模型进行文本向量化，采用 BERT 的网络特点，利用特殊标记[CLS]学到的表示作为句子级别的表示向量，并将该表示向量用于句子的可解释特征属性之间的衡量。

3.2.2 基于可解释特征属性的抽取模型

一种基于可解释特征属性的建模方法被用于获取文档中的可解释信息，该模型与生成模型结合（将在第 4 章介绍）即可形成基于可解释特征属性的摘要生成模型框架（explainable selection to control abstractive summarization with characteristic properties，ESCA-CP）。

经由文本特征编码后的文本向量为机器提供了充足的特征理解文本，就文章整体而言，每个句子单元不是单独的个体，句子与句子之间存在复杂的关系，如内容的丰富性、新颖程度、与文档的相关性等。在模型中仅通过向量表征的方式虽然在一定程度上能够使模型理解单个句子的信息量，但是无法较好地建模这种句间关系。受上述对句间相互关系思考的启发，句间交互矩阵 $\boldsymbol{Q}_s$ 被建模，用于反映句间复杂的关系，其中 s 代表文章中句子的个数。考虑句子之间的关系对其各自作为摘要的权重的贡献是不相等的，如句子 A 和 B 之间的关系，只能用于支撑 A 句作为主导摘要的影响，与 B 和 A 之间的关系是不同的，这与一个有向图的理论想法类似。同时，Mann 等[9]提出的篇章结构的理论思想也能很好地佐证句子对之间的相互影响是具有方向性的。

将交互矩阵中的组成元素设置为 q_{ij}，用于表征文档中第 j 句对第 i 句的重要性影响程度。在 q_{ij} 的计算中，设置了 4 个特征属性用于理解句子之间的相互关系。句对间相互关系的计算公式为

$$q_{ij}\left(\boldsymbol{h}_i,\mathbf{nov}_i,\boldsymbol{h}_j,\boldsymbol{d}\right)=\sigma\left(\underbrace{\boldsymbol{W}_c\boldsymbol{h}_i}_{\text{information}}+\underbrace{\boldsymbol{h}_i^{\mathrm{T}}\boldsymbol{W}_r\boldsymbol{d}}_{\text{relevance}}+\underbrace{\boldsymbol{h}_i^{\mathrm{T}}\boldsymbol{W}_s\boldsymbol{h}_j+\boldsymbol{h}_i^{\mathrm{T}}\boldsymbol{W}_n\tanh\left(\mathbf{nov}_i\right)}_{\text{novelty}}+\boldsymbol{b}_{\text{matrix}}\right) \quad (3.12)$$

式中，σ 为 sigmoid 激活函数，用于归一化处理；$\boldsymbol{W}_c$、$\boldsymbol{W}_r$、$\boldsymbol{W}_s$、$\boldsymbol{W}_n$ 为模型的训练参数；$\boldsymbol{b}_{\text{matrix}}$ 为偏置项；$\boldsymbol{d}$ 为文档的表示，这里主要通过加权平均获得特征。

式（3.12）包含 3 个用于评判句子间相互关系的特征属性。每个特征属性所代表的含义如下：

1）内容语义（information）：用于衡量主导句 i 的语义信息。

2）相关度（relevance）：用于衡量主导句 i 与文章整体的相关度信息，避免权重分配脱离文章主体的前提，减少偏置。

3）更新度（novelty）：用于计算句 i 的句向量 $\boldsymbol{h}_i$ 所维持的信息量的衰减值情况，目的是使句子重要性的权重分配避免包含重复的内容，同时衡量句对之间的相似程度，减少相似度比对之间的损失，因为句间的比较是一个平衡的信息比较过程。

需要注意的是，在式（3.12）中，更新度属性中 $\mathbf{nov}_i$ 的计算公式为

$$\mathbf{nov}_i = \frac{1}{s}\sum_{t=1}^{i-1}\sum_{k=1}^{s}\boldsymbol{h}_t \cdot \boldsymbol{q}_{tk} \tag{3.13}$$

式中，$\boldsymbol{q}_{tk}$ 为当前 t 时刻句子之间的相互关系；$\mathbf{nov}_i$ 相当于一个衰减值，用于计算 i 之前的句子向量的信息是否被包含在第 i 个句子的向量信息中，使模型在分配权重时考虑是否存在重复的信息；在获得句对间的交互关系后，通过 $\boldsymbol{q}_{ij}$ 构建出句子交互矩阵，用于反映整篇文章中句子的交互关系，提高模型对篇章结构的理解，同时通过句子交互矩阵也可以获取在文章基础上的句子中心度权重分配。

交互矩阵 $\boldsymbol{Q}_s$ 通过不同的特征属性体现句对之间的交互关系，从而将相互之间的影响程度以量化的形式展现出来。同时交互矩阵能够协助抽取模型获得整篇文章的中心度信息，并在之后的摘要生成模型中影响单词的生成概率，并协助实现摘要的可调控生成等，具有非常重要的作用。

目前在抽取摘要时，对于句子中心度的预测效果比较好的算法模型有基于图的 TextRank[10] 和 LexRank[11] 等，这些方法均属于无监督算法。在本模型中，由于交互矩阵的存在，可以采用有监督的方式将 $\boldsymbol{Q}_s$ 矩阵转换为句子中心度的分布，作为句子中心度的预测概率。

$$C_p = \boldsymbol{Q}_s \boldsymbol{W}_q \tag{3.14}$$

式中，s 为文章中句子的个数；$C_p = [c_1, c_2, \ldots, c_s] \in \boldsymbol{R}^s$ 为句子的中心度；$\boldsymbol{W}_q \in \boldsymbol{R}^{s \times 1}$。

抽取摘要模型的训练过程常常被建模为一个分类模型的训练过程，将句子表示为向量的形式，然后利用二分类网络层进行训练，最终预测这些向量代表的句子是否应该被选作摘要。基于此类方法的模型都采用逐点（point-wise）排序的方式进行训练，但是这种学习目标并不能体现句子之间的交互性，因此对于上述交互矩阵中的参数学习没有起到较好的作用。

为了在训练过程中将句对之间的关系通过模型学习目标更好地反映出来，可以使用两两匹配的句对（pair-wise）目标函数来学习参数。这种方式能更好地体现句对之间的交互关系，有利于学习句对之间的复杂关系以及其对摘要句的潜在影响。在监督学习的框架下，基于句对方法的目标函数的计算公式为

$$L_{\mathrm{ext}} = -\sum_{i=1}^{m}\sum_{j=1}^{m}\left[\hat{P}_{ij}\log r_{ij} + \left(1 - \hat{P}_{ij}\right)\log\left(1 + r_{ij}\right)\right] \tag{3.15}$$

式中，m 为句子的个数；r_{ij} 为句子 S_i 与句子 S_j 的摘要共现概率，计算公式由其对应的中心度计算得到；$\hat{P}_{ij}$ 为人工设定好的句对标签，设定方式如表 3.1 所示。

表 3.1　句对标签

S_i	S_j	$\hat{P}_{ij}$
摘要句	非摘要句	1
非摘要句	摘要句	0
摘要句	非摘要句	0.5
非摘要句	摘要句	0.5

摘要句与非摘要句的判断方式主要通过文档与参考摘要之间的 ROUGE 值决定，这里采用贪婪搜索的方法选取 Recall（ROUGE-L）和 F1（ROUGE-L）指标高的句子作为摘要句，其余的作为非摘要句，然后利用表 3.1 的规则确定最后的句对标签。

3.2.3　基于可解释概念语义的抽取模型

在文档内部，依据内容语义、相关度及更新度等可解释特征获取的文档潜在中心度关系，其建模方法存在一定的抽象性，仅依靠向量之间的计算与模型参数更新的方法欠缺对文档中直观概念信息的考量，难以依据文章中具体可视的概念关键词信息增强其可解释性的问题。这里提出了一种基于概念语义的可解释建模方法，用于获取文档中更为具体的可解释概念语义信息，并将该模型与生成模型结合形成基于概念语义的摘要生成模型框架（explainable selection to control abstractive summarization with concept semantic，ESCA-CS）。

本章用 ConceptNet[12]作为概念词收集模块，依据文章中的关键词以及特定的抽取关系，获取文档可能涉及的概念词集合。由于一个句子中可能会出现多个关键词，因此将关键词以句子单元进行映射。然后以概念矩阵的形式存储收集的概念词信息，并借助主题模型的方法判断概念词的优先级。

接下来针对概念语义信息的收集、概念信息的可解释算法展开介绍。

1. 概念语义信息收集模块

与常用的知识图谱类似，ConceptNet 的目标是让机器获取常识性的知识，即那些被常人了解而被默认的信息。本质上，ConceptNet 是一个语义网络，代表了机器应该了解的关于世界的语义知识，尤其是在文本语义理解方面，其用途非常广泛，如 Camacho 等[13]利用概念词来做语义增强工作，与分布式语义（Word2Vec）结合，提高模型的语义理解能力；Wang 等[14]将概念词添加到摘要的生成词表中，使摘要中倾向于产生新的概念词，以增强表达能力和概括能力；更多的 ConceptNet 被应用于推理任务中[15]，依据丰富的概念词关系进行生成性的训练，并取得非常好的效果。ConceptNet 是由传统的

WordNet 改进而来的知识图谱框架，使用自定的闭环关系（closed class of selected relations）构造三元组断言，并利用三元组中的父节点、子节点、关系 3 个元素将具体的知识转化为更易于模型接受的概念知识。ConceptNet 共制定了包含 36 种闭环关系用于构建三元组的断言，部分关系如表 3.2 所示。

表 3.2   ConceptNet 概念关系总览表

关系	意义	关系	意义
*RelatedTo	和{}相关	CreateBy	被{}创造
FormOf	形式为{}	Synonym	和{}同义
*IsA	是{}	Antonym	和{}反义
PartOf	是{}的一部分	DistinctForm	和{}相区别
HasA	具有{}	DeriveFrom	由{}导致
UsedFor	用来{}	SymbolOf	象征着{}
CapableOf	可以{}	DefineedAs	定义为{}
AtLocation	在{}	LocatedNear	和{}相邻
Causes	导致{}	*SimilarTo	和{}相似
MadeOf	由{}制成	HasSubenent	接下来{}

在表 3.2 中，"关系"代表文本父节点与子节点之间的联系，在检索知识图谱后，获取与父节点共现在某个关系中的三元组断言，花括号"{}"中的内容代表检索 ConceptNet 后获取的概念词子节点。在本模型结构中，针对新闻类文章数据的特点，最终选用了 3 种关系（RelatedTo、IsA、SimilarTo，表中*号部分）用于 ConceptNet 的检索，依据文档中的父节点关键词，统计并提取三元组中的概念词子节点。

利用 ConceptNet 依据父节点获取子节点概念词后，通常父节点会选取文章中所有的词寻找概念词，在模型中，由于考虑到概念词可作为可解释的校正模块，关键词的选择应具有特殊性，即需要针对文中的关键词获取概念信息。借助 Python 中的英文关键字提取工具（Python keyphrase extraction，PKE[16]）着重于提取文中关键词，将关键词作为父节点，在 ConceptNet 中获取概念词的子节点集合。

2. 基于概念的可解释校正模块

下面介绍一个概念语义校正模块，用于校正由式（3.6）获取的中心度。

对于依据文本中的关键词以及 ConceptNet 收集到的概念词集合，一般采用潜在狄利克雷分布（latent Dirichlet allocation，LDA）确定文本中基于关键词的优先级。传统的 LDA 模型作为一个概率生成模型，属于无监督学习的范畴，通过估计多项式分布确定待观察对象的主题属性信息，继承了潜在语义分析（latent semantic analysis）的方法，其核心思想是找出文本中蕴含的主题，从而根据主题反映出文本的真实含义。LDA 的本质是对基于概率的潜在语义分析的拓展。引入基于语料收敛后的 LDA 模型结构如图 3.10 所示。

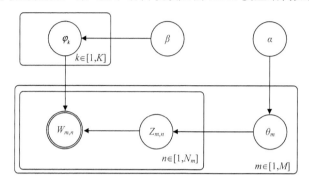

图 3.10 　LDA 模型结构

图中，M 代表语料库中文档集合的个数，N_m 表示一个文档中的单词个数，K 表示主题的个数。对于一篇文档 m 来说，LDA 模型依据先验知识 α 确定文档-主题分布 θ_m，然后从该文档所对应的主题分布中随机抽取一个主题 $Z_{m,n}$，依据先验知识 β 确定当前主题的主题-单词分布 φ_k，然后从分布中抽取单词 $W_{m,n}$，上述过程重复 N_m 次完成文档 m 的生成过程。因此，在 LDA 模型生成过程中，需要借助吉布斯采样[17]的方式在大规模的语料数据上训练以获得较为完备的两个先验知识，即主题-单词分布 φ_k 和文档-主题分布 θ_m。图 3.10 可被分解为以下两个过程，即

$$
\begin{cases}
\alpha \underset{\text{Dirichlet}}{\rightleftarrows} \theta_m \underset{\text{Multinomial}}{\rightleftarrows} z_m \\
\beta \underset{\text{Dirichlet}}{\rightleftarrows} \varphi_k \underset{\text{Multinomial}}{\rightleftarrows} w_k
\end{cases}
\tag{3.16}
$$

LDA 模型利用上述两个狄利克雷多项式共轭结构完成对一个文档包含主题个数的推论过程，在模型中则需要借助 LDA 模型中的主题-单词共轭结构完成对候选概念词集合的优先级评判过程。针对文档中的每个关键词对应的概念词集合来说，对概念词优先级的前提假设是：概念词覆盖的主题越多，概念词的优先级越高。

对于在一个文档中基于关键词的概念语义信息，可利用概念矩阵的形式进行信息存储，如图 3.11 所示。在概念矩阵中，每一行代表针对某一文档利用 ConceptNet 获取的概念词候选集合 $\{c_1, c_2, \cdots, c_N\}$，而每个概念词覆盖的不同主题概率则通过 LDA 模型中的主题-单词共轭结构获取，概念矩阵的列代表 T 个主题的概率。

因此，概念语义校正模块的核心在于构建能够体现包含文档概念信息的矩阵 $F \in R^{n \times t}$，其中，n 代表概念词的个数，t 代表预设主题的个数。值得注意的是，需要以句子单元对矩阵的行（每行代表一个概念词 c_i）进行映射，标记每个句子应包含的概念词个数，因为矩阵最终需要输出的是句子级别的概念语义中心度 $R^{s \times 1}$ 作为校正模块。在获取到概念词集合后，需要借助 LDA 模型计算每个概念词 c_i 分配给不同主题的概率 F_{ij}

（图 3.11 中虚线方框部分）。

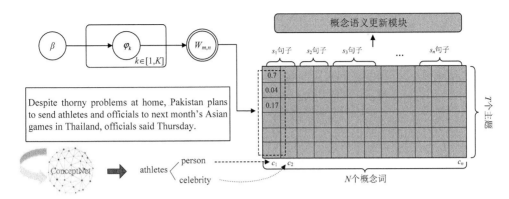

图 3.11 概念语义校正模块

彩图 3.11

通常，LDA 模型可被认为是矩阵分解技术，分解对象为包含任意语料信息（文档集合）的文档矩阵 $\boldsymbol{D}_{\mathrm{T}} \in \boldsymbol{R}^{N \times M}$，其中 N 代表语料库中所有的文档个数，M 代表基于语料获取的词汇表的大小。文档矩阵中的值代表每个单词在文档中出现的频率，而 LDA 模型要做的是将上述文档矩阵转换为两个低维度的矩阵——$\boldsymbol{M}_1 \in \boldsymbol{R}^{n \times k}$ 和 $\boldsymbol{M}_2 \in \boldsymbol{R}^{k \times m}$，其中，$\boldsymbol{M}_1$ 代表文档-主题矩阵，表征当前文档 θ 在 k 个主题中的分布情况；$\boldsymbol{M}_2$ 代表主题-单词矩阵，表征单词在每个主题上的分布情况。用公式表示为

$$P(w|d) = P(w|t)P(t|d) \tag{3.17}$$

式中，$P(w|d)$ 对应矩阵 $\boldsymbol{M}_1$；$P(w|t)$ 对应矩阵 $\boldsymbol{M}_2$。

在新闻摘要语料集合中进行大规模的吉布斯采样训练获取收敛后的主题-单词矩阵 $\boldsymbol{M}_2$，用来提取每个单词对应的不同主题的共现频率 F_{ij}。主题-单词共现矩阵示例如表 3.3 所示，加粗字体"照片"为概念词，其对应不同主题的共现概率为概念语义矩阵中的 F_{ij}。

表 3.3 主题-单词共现矩阵示例

topic 0 » 停电:0.0557 街道:0.0331 时间:0.0263 小区:0.0158 电话:0.0151 社区:0.0148 公司:0.0142 照片:0.0141 武汉:0.0113 地址:0.0112

topic 1 » 影视:0.0112 魅力:0.0088 照片:0.0085 东方:0.0080 村民:0.0075 发酵:0.0063 过瘾:0.0058 没什么:0.0053 不错:0.0024 记住:0.0005

topic 2 » 电影:0.0634 美国:0.0341 国内:0.0219 作品:0.0173 照片:0.0168 导演:0.0155 拍摄:0.0143 故事:0.0142 演员:0.0129 角色:0.0113

topic 3 » 工作:0.0149 公司:0.0107 记者:0.0106 人员:0.0098 两个:0.0091 道路:0.0085 发展:0.0082 办理:0.0078 拍摄:0.0074 邀请:0.0072

topic 4 » 私家:0.0003 手工:0.0003 最终:0.0003 贵人:0.0002 坠落:0.0002 丝绸:0.0002 高跟鞋:0.0002 总体:0.0002 特价:0.0002 车主:0.0002

topic 5 » 照片:0.0005 上午:0.0004 医疗:0.0004 广告:0.0004 软件:0.0003 三亚:0.0003 施工:0.0003 白色:0.0003 提醒:0.0003 原因:0.0003

在获取完整的矩阵元素之后，为了使依据文档可解释的概念信息能够对文档潜在中心度预测起到作用，将概念语义中心度的求解问题看作文档自信息的规划问题，用于将不确定的文本概念信息转换为具体的数量关系。因此，采用香农熵（Shannon entropy）的方法，计算基于主题覆盖度的得分（topic coverage score），将概念语义矩阵压缩为概念中心度向量的形式，计算公式为

$$tc(c_i) = H(c_i) = \sum\sum -F_{ij}\log(F_{ij}) \tag{3.18}$$

通过计算，将概念语义矩阵转换为向量的形式（$R^{n\times t} \to R^{s\times 1}$），在建模过程中，由于考虑一个句子单元可能会包含多个概念词 c_i 的情况，对获取的基于句子的主题覆盖得分 tc 进行加权平均，并通过 softmax 归一化获取最终的概念语义中心度向量。

$$c_s = \text{softmax}[s_1, s_2, \cdots, s_n] \tag{3.19}$$

$$s_i = \frac{1}{t}\sum_{i=1}^{t} tc(c_i) \tag{3.20}$$

式中，s_i 为每个句子单元；t 为句子单元包含的概念词个数。

计算得到的概念语义中心度与式（3.14）中得到的文档潜在中心度结合，进行校正后作为最终输出的文档中心度的预测值，这种微调的方式在模型句对学习函数的训练过程中也会影响参数的更新。同时，在基于可解释概念语义的模型训练过程，与基于可解释特征属性的模型训练过程中基于句对的目标函数一致，这里不再赘述。

本 章 小 结

本章针对信息抽取过程中存在的问题进行简要分析，主要有两方面的问题：首先，句子重要性的评判标准通常使用句向量与文档向量的相似度，容易造成信息的不平衡性以及信息损失，导致相似度的计算方法存在偏置；其次，信息抽取的过程被建模为一个黑箱决策的方式，缺乏必要的可解释性。在此基础上，本章提出了基于可解释信息特征属性标准的信息抽取模型，并将文章中的句对关系汇总到交互矩阵中，用于计算句子中心度的分布情况，解决了句向量与文档向量之间信息损失的问题。同时，在模型的学习目标上，也创新性地提出了句对学习目标，用于学习句对间的损失进行模型的参数更新。

参 考 文 献

[1]　VASWANI A, SHAZEER N, PARMAR N, et al. Attention is all you need [C]// In Advances in Neural Information Processing

Systems 30: Annual Conference on Neural Information Processing Systems. Long Beach: NIPS, 2017: 6000-6010.

[2]　DEVLIN J, CHANG M W, LEE K, et al. BERT: pre-training of deep bidirectional transformers for language understanding [J/OL]. (2019-05-24) [2022-05-06]. arXiv. https://arxiv.org/pdf/1810.04805.pdf.

[3]　周爱武，于亚飞. K-means 聚类算法的研究[J]. 计算机技术与发展，2011，21（2）：62-65.

[4]　WAN X, XIAO J. Single document keyphrase extraction using neighborhood knowledge [C]// In Proceedings of the Twenty-Third Association for the Advance of Artificial Intelligence Conference. Chicago: AAAI, 2008: 855-860.

[5]　GOLLAPALLI S D, CARAGEA C. Extracting keyphrases from research papers using citation networks [C]// In Proceedings of the Twenty-Eighth Association for the Advance of Artificial Intelligence Conference. Québec City: AAAI, 2014: 1629-1635.

[6]　LIU Y. Fine-tune BERT for extractive summarization [J/OL]. (2019-09-25) [2022-05-06]. arXiv. https://arxiv.org/pdf/1903.10318.pdf.

[7]　PEYRARD M. A simple theoretical model of importance for summarization [C]// In Proceedings of the 57th Conference of the Association for Computational Linguistics. Florence: ACL, 2019: 1059-1073.

[8]　SCHUSTER M, PALIWAL K K. Bidirectional recurrent neural networks [J]. IEEE Transactions on Signal Processing, 1997, 45 (11): 2673-2681.

[9]　MANN W C, THOMPSON S A. Rethorical structure theory: toward a functional theory of text organization [J]. Text, 1988, 8 (3): 243-281.

[10]　MIHALCEA R, TARAU P. TextRank: bringing order into text [C]// In Proceedings of the 2004 Conference on Empirical Methods in Natural Language Processing, held in conjunction with Annual Meeting of the Association for Computational Linguistics. Barcelona: ACI, 2004: 404-411.

[11]　ERKAN G, RADEV D R. LexRank: graph-based lexical centrality as salience in text summarization [J]. Journal of Artificial Intelligence Research, 2004, 22: 457-479.

[12]　SPEER R, CHIN J, HAVASI C. ConceptNet 5.5: an open multilingual graph of general knowledge [C]// In Proceedings of the Thirty-First Association for the Advance of Artificial Intelligence Conference. San Francisco: AAAI, 2017: 4444-4451.

[13]　CAMACHO-COLLADOS J, PILEHVAR M T. From word to sense embeddings: a survey on vector representations of meaning [J]. Journal of Artificial Intelligence Research, 2018, 63: 743-788.

[14]　WANG W, GAO Y, HUANG H, et al. Concept pointer network for abstractive summarization [C]// In Proceedings of the 2019 Conference on Empirical Methods in Natural Language Processing. Hong Kong: EMNLP, 2019: 3074-3083.

[15]　SAP M, BRAS R L, ALLAWAY E, et al. ATOMIC: an atlas of machine commonsense for if-then reasoning [C]// In The Thirty-Third Association for the Advance of Artificial Intelligence Conference. Honolulu: AAAI, 2019: 3027-3035.

[16]　BOUDIN F. PKE: an open source python-based keyphrase extraction toolkit [C]// The 26th International Conference on Computational Linguistics. Osaka: ICCL, 2016: 69-73.

[17]　戈鲁宁. 基于吉布斯采样的模体识别算法研究 [D]. 西安：西安电子科技大学，2010.

第 4 章
概念语义可控摘要生成

生成式摘要与抽取式摘要的目的一致，均是对原文档内容进行总结压缩，保留文章的核心思想，只不过在方法上，生成式摘要模型更倾向于采用自然语言生成（NLG）技术，由算法模型逐词地生成摘要。但是其生成过程往往会存在信息重复性，同时，基于编码-解码框架中的长文本摘要的生成难度更大，主要原因是编码器很难将长文档的信息总结并归纳传递给解码器，中间向量存在冗余性与信息缺失的问题。此外在生成模型中，仅仅基于序列到序列模型在生成的摘要上容易出现错误的关键信息，缺少模型对文章主旨信息的指导与控制，如指针生成网络（pointer generator network，PG-Net）就无法很好地定位关键短语、关键句等信息。

在上述问题的基础上，我们希望结合抽取式摘要与生成式摘要的特点，期望模型生成的摘要既能在语法、句法上有一定的保障，同时又能提高摘要的连贯性、灵活性以及摘要对关键信息的把控能力。因此，这种摘要生成方式更能满足人类直觉阅读的需要，即首先选择重要的内容，其次将这些内容改写为摘要。本章承接了第 3 章提出的两种可解释信息抽取模型的框架结构，然后在此基础上增添了基于混合连接（hybrid connector）的摘要生成模块，将可解释信息传递给生成器。在此基础上，实现模型在摘要生成过程中对主旨信息的指导与控制，将摘要任务分为两个步骤，即先确定关键内容再进行改写。

4.1　预训练及摘要生成模型

随着语言模型、编码-解码框架的发展，研究者们在自然语言生成技术的基础上，依据源文档的内容构建预设的词表，由算法模型自身逐词地生成自然语言描述，而非直接提取原文的句子组成摘要。目前，生成式摘要的很多工作都是在深度学习中的序列到序列模型的基础上展开的。虽然编码-解码框架配合各种编码单元在文摘领域取得了不错的效果，但需要事先定义输入/输出词表，而文本中很容易出现一些词表中未包含的单词（未登录词），如特定名称、赛事的比分等，因此仅靠编码-解码框架很难解决这一问题。本节将介绍基于预训练的摘要生成模型，它借助 BERT 与编码-解码框架作为模型的主要框架，通过预训练模型增强文本表征的能力。

基于 Transformer 双向编码表示的预训练模型 BERT 的出现，推动了广泛的自然语言处理任务的发展，包括 BERT 在自动文本摘要领域中的应用，其中基于 BERT 预训练模型的生成式摘要框架 Presumm[1]是将在 4.2 节介绍的工作应用的基础框架。该框架利用预训练好的编码器表达文档的语义关系、获取文档的句子表示，并基于微调（fine-tune）的方式对编码-解码框架进行优化，以缓解编码器与解码器之间存在的失配问题（前者是预训练的，后者不是）。该训练过程采用多种微调方法，帮助模型学习参数，进而提高摘要的质量。

基于微调的生成式摘要模型结构如图 4.1 所示。

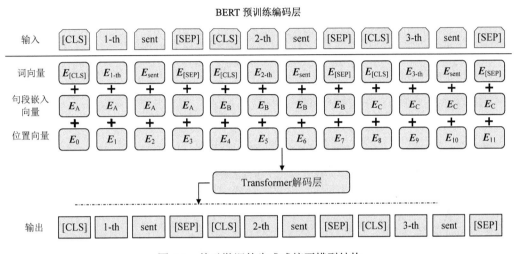

图 4.1　基于微调的生成式摘要模型结构

在该摘要生成框架中，沿用了传统的编码-解码框架结构，将生成式摘要在概念上转化为一个序列到序列生成的问题，编码器将原始文档中的单词序列 $X = \{x_1, x_2, \cdots, x_n\}$ 映射为连续的表示向量 $Z = \{z_1, z_2, \cdots, z_n\}$，解码器利用自回归的方式以条件概率的方式逐字生成目标摘要。

与抽取式摘要在编码的基础上增加分类层的方法不同，生成式摘要中需要逐字生成目标摘要，因此需要增加用于解码器参数学习的网络深度。在基于预训练模型的编码-解码框架中，编码器经由预训练模型 BERT 获取上下文的向量，在解码器中则需要多层堆叠的 Transformer 支撑向量解码的工作，这部分参数是随机初始化的。因此，在编码器和解码器之间存在极大的模型匹配问题，前者是基于预训练的，后者则需要从零开始训练。所以当采用微调的方式更新模型参数时，编码器很可能会对数据产生过拟合的问题，解码器则可能因为数据量不足产生欠拟合的问题。为了解决上述问题，需要为编码器和解码器设计新的微调方式用于参数更新，因此需要为两者设置不同的学习率。

$$\mathrm{lr}_E = \widetilde{\mathrm{lr}}_E \cdot \min\left(\mathrm{step}^{0.5}, \mathrm{step} \cdot \mathrm{warmup}_E^{-1.5}\right) \tag{4.1}$$

$$lr_D = \tilde{lr}_D \cdot \min\left(\text{step}^{0.5}, \text{step} \cdot \text{warmup}_D^{-1.5}\right) \qquad (4.2)$$

在式（4.1）和式（4.2）中，将编码器与解码器的学习率分别设置为 $\tilde{lr}_E = 2e^{-3}$ 和 $\tilde{lr}_D = 0.1$，并根据模型人为设定，对 warmup 进行参数调整。

在基于 Presumm 的摘要生成框架中，往往会存在一些问题。例如，仅基于预训练模型做摘要生成的过程虽然能够提升模型表示学习的能力，但是信息流动的过程仍然以"黑盒"的形式进行，缺乏对文章理解上必要的可解释信息；Presumm 模型采用朴素的编码-解码框架，尽管有预训练模型的支撑，但生成的摘要也会存在未登录词的问题，并且整个摘要生成的过程缺乏对文章主旨信息的指导与控制。

4.2 概念语义可控文本摘要生成模型

受 Presumm 摘要生成框架的启发，本节介绍的工作在文档语义及句子语义的表征上借助预训练的方法获取更好的上下文特征向量，同时使用第 3 章介绍的基于可解释信息的信息抽取模型，通过一些可以实际量化的特征属性帮助模型预测，打破以往"黑盒"决策的思维范式，并在预训练模型基础上，借助指针生成网络的模型逻辑缓解摘要存在的未登录词问题，借助可解释信息指导和控制摘要生成，放缩不同特征属性对模型预测结果的影响，从而微调模型生成的摘要。

4.2.1 基于混合连接的生成网络

在摘要生成模型结构中，受指针生成网络的启发，为计算每个单词生成时刻的概率权重构建两个模块，即指针网络和生成网络，共同决定词表以及原文单词中所有单词的概率权重分配。其中，指针网络子模块主要借助注意力机制作为指针，选择原文档中的注意力权重高的单词复制到摘要中。这种以注意力为基础的通过向量相似性度量决定权重分配的方式虽然能很好地缓解未登录词的问题，能使模型在摘要生成中引入更准确的单词，但是这种权重计算方式缺乏区分度，不能关注到文档中的可解释信息。因此，这里借助第 3 章中构建的信息抽取模型获取文档中的句子中心度信息，从而将文档中潜在的可解释信息传递给生成模型，并将其与指针网络通过混合连接的方式融合到一起。

1. 混合连接模型

在混合连接模型连接方法中，为了影响序列的生成，采用软连接的方式将文档中潜在的句子中心度部署到单词级别上，更新权重分布，使摘要的生成过程向抽取器获取的重点关注的内容靠拢，单词级别的注意力更新方法为

$$\hat{\alpha}_t^n = \frac{\alpha_t^n\left(1+p_s c_{i_j}\right)}{\sum \alpha_t^n\left(1+p_s c_{i_j}\right)} \tag{4.3}$$

式中，c_{i_j} 为单词 i 所属的句子 j 的潜在中心度权重，这部分由信息抽取模型获取；α_t^n 为单词级别的注意力权重分布，这部分由指针模型获取；p_s 决定一个句子对注意力分布的影响程度，类似于一个基于时序动态变化的参量，其计算公式为

$$p_s = \sigma\left(\boldsymbol{W}_{\mathrm{sel}} \boldsymbol{E}_{\mathrm{sel}}^t + \boldsymbol{b}_s\right) \tag{4.4}$$

式中，$\boldsymbol{W}_{\mathrm{sel}}$ 为训练参数；$\boldsymbol{E}_{\mathrm{sel}}^t$ 为第 t 个解码时间步权重最高的句子的向量表示，其主要作用是在将原文的信息传递到摘要生成过程中，提升生成模型的泛化能力；$\boldsymbol{b}_s$ 为可学习偏置项。

2. Transformer 生成网络

传统的指针生成网络包含两个子模块：一个是指针网络；另一个是生成网络。这两个子模块共同决定每个生成时刻单词的概率分配权重。传统的指针生成网络采用 LSTM 循环编码单元构建长文档中的序列信息，这种方式的训练是循环迭代进行的，最大的弊端是串行编码方法导致模型效率低。

在生成式摘要模型框架中，在 Transformer 编码单元的基础上实现传统指针生成网络的技术方法，提升模型的并行能力，提高效率。在多层堆叠的 Transformer 网络中利用上下文隐藏层向量、输入向量、解码时间步状态实现指针生成网络的逻辑思想（transformerbased pointer generator network，TPG-Net）。TPG-Net 模型结构如图 4.2 所示，绿色方框为指针结构获取核心的生成概率。

彩图 4.2

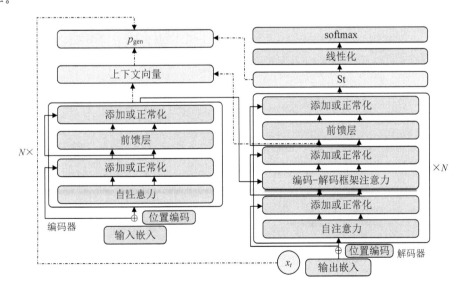

图 4.2　TPG-Net 模型结构

首先输入序列与已输出序列经过嵌入得到模型输入的特征向量，该向量与位置编码向量相加获得模型的输入。Transformer 模型的并行计算涉及一定的规则，需要给 Transformer 提供每个字的位置信息，帮助模型考虑输入文本中的序列关系。

在 TPG-Net 中，核心是生成概率 p_{gen} 的获取，通常主要通过编码器和解码器的上下文向量学习得到。不同时刻的生成概率 p_{gen} 都是一个动态变化的过程，其计算公式为

$$p_{gen} = \sigma \left(W_h^T h_t^* + W_s^T S_t + W_x^T x_t + b_t \right) \tag{4.5}$$

式中，x_t 为解码器在 t 时刻的输入；S_t 为最后一层解码器的输出作为解码器端在第 t 时间步长的隐藏层信息；W_h、W_s、W_x 为训练参数；b_t 为偏置项。

生成概率 p_{gen} 的值决定了注意力权重分布和词表概率权重分布中共现词的最终概率。与 PG-Net 类似，在计算 p_{gen} 时，输入 3 个相关量，分别为上下文隐藏层向量 h_t^*、输入向量 x_t 和解码时间步状态 S_t。其中，上下文隐藏层向量 h_t^* 衔接编码器与解码器，将信息传递给解码器，其值为文本编码过程中获取的隐藏层特征向量的加权和，计算公式为

$$h_t^* = \sum_{i=1}^n a_{t,i} h_i \tag{4.6}$$

式中，a_t 为注意力权重分布，通过在最后一层解码器处的多头注意力求和获取，作为基于源文本向量的注意力权重分布；h_t 为最后一层编码器的输出向量的平均值，与注意力分布加权求和后，获得上下文隐藏层向量。

到目前为止，模型获得了用于计算解码器的输出序列 t 时刻概率分布所需的全部组件，包括在原文中单词的注意力分布权重 $\hat{a}$、解码器端经过 softmax 层输出的词表单词概率分布权重 P_{vocab}，以及刚刚求得的生成概率值 p_{gen}。用 $1 - p_{gen}$ 代表原文本中单词概率的输出权重，即从原文本中复制的词，p_{gen} 代表依据词表生成的单词概率的输出权重，因此，模型最终在 t 时刻的输出概率分布 $P_{final}(w)$ 的计算公式为

$$P_{final}(w) = p_{gen} P_{vocab}(w) + \left(1 - p_{gen}\right) \left(\sum_{j:w_j=w} \hat{a}_{t,j} \right) \tag{4.7}$$

在模型输出的每个时间步，均能得到不同的概率分布 $P_{final}(w)$。在测试阶段，模型会采用束搜索的方法，从 $P_{final}(w)$ 中选取概率最高的词，最终组成最后的摘要。

4.2.2 生成式可控摘要模型

利用第 3 章中抽取模型构建的交互矩阵，可以捕捉文档中句子之间的关系，因此文档潜在的中心度 C_p、C_s 均能反映摘要的可解释信息，如显著性、多样性、文档相关性

及具体概念等。在摘要的生成过程中，往往会缺少针对文章主旨信息的指导与控制。因此，为了探索生成式摘要的可控性，可以借助可解释信息，增加对摘要模型生成过程中关键信息的控制。融合抽取模型后的生成式可控摘要模型框架如图 4.3 所示。

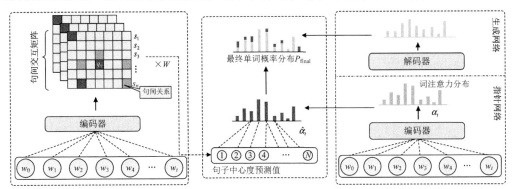

图 4.3　生成式可控摘要模型框架

针对 3.2.2 节中，式（3.12）中提出的内容语义、句间相似性、更新度、相关度等特征属性，采用构建可控阈值的方法分别对更新度和相关度的实值进行调节，通过选定不同的阈值，可以构建只包含 $\{0,1\}$ 实值的掩码矩阵 $\boldsymbol{M}$ 用以更新交互矩阵 $\boldsymbol{Q}_s$。该过程类似一个可控旋钮的操作，通过设 彩图 4.3

定阈值参数进行判断，高于阈值的矩阵元素 q_{ij} 为 1，低于阈值的矩阵元素 q_{ij} 为 0，然后采用矩阵相乘的方式，更新交互矩阵 $\boldsymbol{Q}_s$，使抽取模型获得的交互矩阵能够被控制向更新度或相关度等方向靠拢。掩码矩阵的构造方法为

$$\hat{\boldsymbol{Q}}_s = \boldsymbol{Q}_s \odot \boldsymbol{M}, \quad \text{当} M_{ij} = \begin{cases} 1, \text{val} \geqslant \epsilon \\ 0, \text{val} < \epsilon \end{cases} \text{时} \tag{4.8}$$

式中，$\odot$ 为元素对应相乘；ϵ 为阈值超参数；val 的数值对应式（3.12）中的 $\sigma(\text{novelty})$ 或 $\sigma(\text{relevance})$ 特征属性实值；$\boldsymbol{Q}_s$ 与 $\boldsymbol{M}$ 为同一维度的矩阵。

利用基于不同特征的 val 值，构建掩码矩阵 $\boldsymbol{M}_{\mathrm{n}}$（更新度）或 $\boldsymbol{M}_{\mathrm{r}}$（相关度），通过式（4.8）实现交互矩阵 $\boldsymbol{Q}_s$ 的更新，从而微调原文单词中的注意力分布 α_t，进而在生成模型中影响 P_{final} 的概率权重分布，为摘要生成过程增加文章主旨信息的指导与控制。

4.2.3　模型融合训练

更新模型参数的训练模式有两种，即分阶段的训练模式和端到端的训练模式。更新模型参数涉及 3 个损失函数，即训练抽取模型、生成模型的损失和生成重复词的损失。

训练抽取模型的学习目标已经在 3.2.2 节中详细介绍过，用 L_{ext} 替代，不再赘述。

在对生成模型进行训练时，采用最大似然估计（maximum likelihood estimation，

MLE）方法。MLE 在语言建模任务中是一个经典的训练目标，旨在最大化句子中单词的联合概率分布，从而使模型学习到语言的概率分布。换言之，最大似然函数在生成模型中，起到了帮助模型学习应用语言模型的作用，使模型能够生成语法正确、文字流畅的文本序列，这在摘要任务中特别适用。假设给定输入文档向量信息 $\boldsymbol{x}$，以及该文档对应的参考摘要序列 $\boldsymbol{y}^* = \left\{y_1^*, y_2^*, \cdots, y_m^*\right\}$，生成器的学习目标为最小化目标单词序列的负对数似然 L_{abs}，即

$$L_{\text{abs}} = -\sum_{t=1}^{m} \log P_{\text{final}}\left(y_t^* \mid y_1^*, y_2^*, \cdots, y_{t-1}^*, \boldsymbol{x}\right) \qquad (4.9)$$

式（4.9）表示了一个时间步长 t 的损失，即以已解码序列 $\left\{y_1^*, y_2^*, \cdots, y_{t-1}^*\right\}$ 和文档向量信息 $\boldsymbol{x}$ 为条件时，模型解码的 y_t 与参考摘要序列第 t 位置的差值的损失。

在知悉了抽取模型与生成模型的学习目标之后，在模型训练过程中，主要采用两种训练模式，一种为分阶段训练模式，另一种为端到端训练模式。

其中分阶段训练过程，将抽取模型与生成模型以预训练的方式分别最小化各自的学习目标 L_{ext}、L_{abs}，用于模型参数的更新。这时的抽取模型退化为一个分类器，以句子的预测值与标签之间的差值作为损失，更新参数。

在端到端的训练模式中，抽取模型获得的文档潜在中心度的预测值以句子的级别用软注意力机制来与生成模型融合。在此基础上增加了一个基于覆盖机制（coverage mechanism）的损失项，用于缓解摘要生成过程中出现重复的问题，计算公式为

$$L_{\text{cov}} = \sum_i \min\left(\boldsymbol{\alpha}_i^t, \boldsymbol{cov}_i^t\right) \qquad (4.10)$$

式中，$\boldsymbol{\alpha}^t$ 为文档中每个词的注意力权重分布；$\boldsymbol{cov}^t$ 为词覆盖向量（coverage vector），其值为 t 时刻之前所有解码时间步注意力分布之和，即

$$\boldsymbol{cov}^t = \sum_{t'=0}^{t-1} \boldsymbol{a}^{t'} \qquad (4.11)$$

直观来说，$\boldsymbol{cov}^t$ 用来表征单词到当前时刻为止从注意力机制中所获得的覆盖度，假设之前该词出现过，$\boldsymbol{cov}^t$ 的值就会增大，为了减少损失，需要将 i 时刻位置的注意力权重减小，因此就起到了 i 位置被注意的概率减少的作用，最终缓解生成词重复的问题。端到端的训练方式中，用三部分的损失相加作为该训练方式的学习目标，计算公式为

$$L_{\text{final}} = \lambda L_{\text{ext}} + L_{\text{abs}} + L_{\text{cov}} \qquad (4.12)$$

式中，λ 为超参数；L_{final} 为最终结合后的损失函数。

4.3　ESCA 模型框架实验

为评估可解释可控摘要（explainable selection to control abstractive summarization，ESCA）模型的性能表现，本实验在 CNN/DailyMail[2]和 New York Annotated Corpus（NYT）两个数据集上进行模型评测，评测采用 ROUGE 指标与人工多维评测共同进行的方式。值得注意的是，针对可控性的模型特点，本实验采用两种自动化生成的评测数据集对模型的可控性进行测试。在此基础上，采用消融实验、对比实验及实例分析等方法证明模型的有效性。

4.3.1　相关数据集及评价指标

前面提出了两种基于可解释信息的可控摘要生成模型（ESCA-CP、ESCA-CS），模型的评估主要使用两个与新闻摘要相关的基准数据集，即 CNN/DailyMail 和 NYT。实验数据集具体情况比对如表 4.1 所示。

表 4.1　实验数据集具体情况比对

数据集	数据训练			文档长度.avg		摘要长度.avg		新词比例/%
	训练集	验证集	测试集	单词数	句子数	单词数	句子数	
CNN	90266	1220	1093	760.50	33.98	45.70	3.59	52.9
DailyMail	196961	12148	10397	653.33	29.33	54.65	3.86	52.16
NYT	96834	4000	3452	800.04	35.55	45.54	2.44	54.70

该数据集包含两个版本，即匿名版本（将文中的人名、地名都替换为@entity）与非匿名版本（文中人名、地名等未被替换为@entity）。原始数据文件中包含两部分：一部分以@article 开头，为文章的主体；另一部分以@highlight 开头，为人工撰写的参考摘要，对于该数据集的处理，参考 See 等[2]的数据预处理方法。这里值得注意的是，CNN 与 DailyMail 为两个新闻源数据，在处理与评测时合并为一个数据集。NYT 数据集包含 110540 篇英文文章和人工撰写的参考摘要，训练集与测试集分别包含 100834 和 9706 个示例。对于 NYT 的数据预处理通常删除其中参考摘要少于 50 个单词的数据文件，研究者通常采用过滤后的数据（NYT50）作为测试集，包含 3421 个示例。两个基准数据均采用标准的 Stanford CoreNLP[3]工具进行分词等工作，对基于 BERT 编码的 ESCA 模型训练测试上，参考 Liu 等[4]的数据处理方法。

在模型性能的评测上，采用 ROUGE 指标进行评测。

4.3.2 实验配置

在模型训练过程中采用 Adam 梯度下降算法[5]，同时在摘要预测推论过程中采用束搜索算法[6]，接下来将对模型参数、特例数据集的构建方法，以及实验中提出的两种人工评测具体流程进行详细介绍。

1. 模型参数设置

ESCA 模型有两种实现形式，这两种实现形式的主要区别是编码形式不同：一种是基于 Transformer 编码（以下简称 ESCA-Transformer）的模型；另一种是基于 BERT 编码（以下简称 ESCA-BERT）的模型。模型的编码框架可以使用多种编码方式进行，如 LSTM、Transformer、BERT 等，因此具备较好的灵活性。下面分别介绍两种方法的参数设置。

（1）基于 Transformer 编码的模型

该模型包含 4 层 Transformer 结构，隐藏层向量维度大小为 512，前馈神经网络维度为 1024，在自注意力机制的基础上，采用多头注意力机制（head=8）。在线性转换层前，dropout 的概率设置为 0.15。基于 Transformer 的指针生成网络训练时，模型的学习率（learning rate）设置为 0.1，批处理大小（batch size）设置为 32，束搜索的束宽参数（beam size）设置为 4。编码器的输入文档与其他研究者的工作相同，采用截取的操作。CNN/DailyMail 取文档中前 700 个单词的长度作为输入，NYT50 取文档中前 800 个单词的长度作为输入，在训练集和验证集上的目标摘要长度取 100 个单词，在测试集上的目标摘要长度取 120 个单词。同时，采用早停法和长度惩罚[7]的方法进行模型训练，其中长度惩罚的方法，参考 Google 论文中解码器的做法，适用于文本摘要长度较短的文档，因此作为一个小技巧加入 ESCA 模型的解码器中，以调节摘要生成的长度。

（2）基于 BERT 编码的模型

该模型在数据集准备时，在文章中每个句子的开头位置均加入一个[CLS]标记，以及句子间隔符号[EA]和[EB]，输入 BERT 模型中学习句向量的特征向量。在该模型中，位置嵌入表示的维度大小设置为 512，采用"BERT-base-uncased"版本的 BERT 预训练模型，输入文档与目标预测序列均采用 Subwords 机制进行标记。BERT 编码器的隐藏层大小设置为 768，所有前馈层的大小设置为 2048。对于抽取模型来说，使用一层 Transformer 获取句子的表示 h_i，该层 Transformer 包含 8 个头，dropout 的概率设置为 0.1。在解码器端采用 BERT 原生的 Trigram block 的技巧防止生成序列重复问题。在 CNN/DailyMail 和 NYT50 数据上进行 BERT 预训练模型的精调，迭代次数取决于模型收敛的好坏，分别为 100k 和 15k。采用早停法控制迭代次数，训练时的标签平滑参数设置为 0.1，在线性层之前模型的 dropout 概率设置为 0.2。对 ESCA-BERT 模型中的编码器与解码器分别采用 0.02 和 0.2 的学习率，解码过程与 ESCA-Transformer 模型设置相同，在两块 GPU-2080Ti 上进行模型训练，模型最终的参数量为 1.8 亿，同时使用交叉验证的方法调参，确定超参数。

2. 人工评测及特例数据集

两个基于人工评测的评测方式，包括问答（question answering，QA）方法和多标准排序方法（criteria rank）。

（1）问答方法

按照阅读理解的模式，人工评估模型产出的摘要，首先基于原始数据的参考摘要部分初始化一组问题，数量为 3 或 4 个，然后将模型生成的摘要与其他基线模型生成的摘要共同构成一组答案，然后将上述两个部分以阅读理解的形式提供给志愿者进行人工评测，与标准答案越接近，得分越高，说明模型生成摘要的准确性越高。具体示例如表 4.2 所示。

表 4.2　QA-Test 测试示例

CNN/DailyMail 数据样例
参考摘要：Emergency services were called to the Kosciuszko Bridge at about 11:50 am Monday, where a women had climbed over the bridge's railing and was standing on a section of metal piping. Officers tried to calm her down as NYPD patrol boats cruised under the bridge on Newtown creek, which connects Greenpoint in Brooklyn and Maspeth in queens. A witness said the woman was a 44-year-old polish mother-of-one who was going through a tough divorce. She agreed to be rescued after police talked to her about her daughter and was taken to elmhurst hospital.
• 问题：When was emergency services called to the Kosciuszko Bridge?
- 答案：11:50 am.
• 问题：What did the witness say about the women?
- 答案：44-year-old polish mother-of-one who was going through a tough divorce.
• 问题：Did the women agreed to be rescued?
- 答案：Yes.

其中参考摘要为数据集提供的参考摘要，问题为依据参考摘要初始的问题。在测试集中随机选取了 20 篇文档进行上述工作，组成人工评估数据。当进行问答方法评估时，不同模型生成的摘要作为选项与表 4.2 中的问题以阅读理解的形式提供给志愿者，然后统计阅读理解的正确率作为模型的衡量指标。

（2）多标准排序方法

该方法较为新颖，目的在于对模型生成摘要的质量进行多标准的考量（标准包括信息性、多样性、相关性、流畅性），实验会为志愿者提供随机挑选的 20 篇文章文档以及针对上述文档的多个匿名系统（包含 ESCA 以及基线模型）生成的摘要，参与者需要在阅读原文及摘要后，在摘要中选出最好的与最差的，并进行标记，最终统计各个系统被选为最好的或最差的摘要次数的差值的百分比作为最终每个系统的得分，该得分区间为（–1,1）。需要注意的是，参与上述两项人工评测的志愿者均需具有较好的英文功底。

为了探究模型生成的摘要性能（即摘要是否符合预先期望的相关度、更新度信息）以及其是否符合可调控摘要生成的预期，本书基于原始 CNN/DailyMail 测试数据集，利用已有较好表现能力的模型自动创建两个特例数据集。下面详细介绍数据集构建的理论基础与方法。

为构建摘要相关度测试数据集，通过查阅大量文献后，在 CNN/DailyMail 原始数据集的基础上，加入文章的标题信息，以符号@title 标记。在这种前提下，增加文章标题信息后的 CNN/DailyMail 数据集，可以用来测试模型生成的摘要与该标题的 ROUGE 值。由于新闻类的数据集标题往往与原文强相关，在这种测试集上，可以对相关度的测试进行较为深入的考查。

为构建摘要更新度测试数据集，采用在摘要任务中表现较好的无监督抽取式摘要模型 PacSum[8]对输入文档中后半段的内容进行抽取，并选取最终得分高于前三的句子作为参考摘要，增加到原始的@highlight 标签中。这种数据构建方法的主要原因是，CNN/DailyMail 数据集倾向于选择前半段的内容作为文章的摘要。考虑到数据集本身的特点以及 ESCA 模型对摘要更新度的可控性，选择通过上述方式增加文章后半段的信息，测试摘要是否具备更新度的特性，即模型生成的摘要包含的内容是否更加丰富。

最终模型在上述两个数据集上的表现效果以及人工评测结果将在 4.3.3 小节的人工评测中详细介绍，并就实验中设定的信息性、多样性、相关性、流畅性 4 个有关摘要的属性给出定义。

4.3.3　基线模型

为了比较模型的性能，下面在 ESCA 模型的基础上与下列基线模型进行对比，这些基线模型大多具有"选择并生成"的风格特性。

1）PG+Coverage[2]：该模型为传统的指针生成网络，编码方式为 LSTM，集合了指针网络与编码–解码框架的模型框架，增加了模型直接从文本中选词的能力，同时采用覆盖（coverage）机制缓解生成词重复的问题。

2）Select-Reinforce[9]：该模型的摘要生成方式也具备选择并生成的特点，只是采用强化学习的方法，以 ROUGE 评价指标作为奖励函数，对文章的句子进行抽取，组成最终的摘要。

3）Inconsistency-Loss[10]：基于单词与句子注意力机制的不一致性，构建一个不一致损失函数，用于模型的训练。

4）Bottom-Up[1]：使用编码器作为内容选择器，约束生成摘要过程中用到的单词注意力，同时使用数据有效的内容选择器过滤确定应作为摘要一部分的源文档中的短语。

5）Explicit Selection[1]：在原有的序列到序列的模型框架上进行扩展，加入信息选择层，对冗余信息进行过滤。

6）SENECA[11]：一种基于实体驱动的连贯抽象摘要框架，利用实体信息生成包含更多信息的连贯摘要，其实际做法为，抽取一些具有实体的句子，然后连接到基于强化学习的摘要系统进行改写。

7）BERTSUMabs 与 BERTSUMextabs 均为 Liu 等[4]开发的摘要模型，其基础架构为BERT，模型框架上只是对提取器和生成器进行两阶段的精调，其模型结构虽然不属于"选择并生成"的风格，却是目前性能最好的摘要生成模型。

4.3.4　模型效果比对分析

为了验证上文提出的模型是否能够有效地提高系统生成摘要的准确性，将从基线模型对比、消融实验、可控效果对比以及实例分析等实验分析模型的有效性。同时，为了单独验证第 3 章提出的信息抽取模型各个组件的有效性，设计了基于可解释矩阵以及模型训练目标的消融实验。

1. 模型整体效果

本小节给出了混合连接后模型整体的实验结果与分析。利用自动评测指标比较 ESCA 与基线模型的效果，表 4.3 所示为 ESCA 模型在 CNN/DailyMail 数据集中的实验效果（加粗表示在该指标下效果最好）。

表 4.3　CNN/DailyMail 数据集 ROUGE 评测结果

模型	ROUGE-1	ROUGE-2	ROUGE-L
PG+Coverage	39.53	17.28	36.38
Select-Reinforce	40.88	17.80	38.54
Inconsistency-Loss	40.68	17.97	37.13
Bottom-up	41.22	18.68	38.34
Explicit-Selection	41.54	18.18	36.47
SENECA	41.52	18.36	38.09
BERTSumAbs	41.72	19.39	38.76
ESCA-LSTM	40.71	17.96	37.29
ESCA-Trans	41.65	18.89	37.94

续表

模型	ROUGE-1	ROUGE-2	ROUGE-L
ESCA-BERT	**42.12**	**19.52**	**39.07**
ESCA-CP	42.12	**19.52**	**39.07**
ESCA-CS	**42.31**	19.17	38.66

表中 ESCA-LSTM 为基于 LSTM 编码的模型框架，ESCA-Trans 为基于 Transformer 编码的模型框架，ESCA-CP、ESCA-CS 均为基于 BERT 编码的模型框架。在 CNN/DailyMail 数据集中，ESCA-LSTM/Trans 取得了较好的效果，但与基线模型以及 ESCA-BERT 相比仍然有较多的提升空间，分析其主要原因可能是基于自注意力的计算较为复杂，单纯的随机初始化向量利用较少的语料数据更新参数并不能与 BERT 相提并论。同时 ESCA-BERT 模型在各项指标中均取得了很好的实验效果，说明基于"选择并生成"的模式更适合摘要的生成，借助信息的选择抽取能够为模型引入更为准确的信息，进而提升摘要的质量。并且，在 LSTM、Transformer、BERT 等多种编码方式的基础上，均实现了基于可解释信息选择的摘要生成框架，体现了 ESCA 的灵活性。

将两种基于特征属性、基于概念语义的文本可解释模型（ESCA-CP、ESCA-CS）分别与基线模型进行对比，从 CNN/DailyMail 数据集中可以看出，整体模型效果变化不大，但在 ROUGE-1 指标上，基于概念语义的可解释方法相比之前有一定的提升，说明引入基于关键词的具体可视化会使模型增强在词级别可解释信息上的注意力，但在 ROUGE-2、ROUGE-L 指标上有较大的减少，证明在概念语义上的校正依然存在一定的提升空间，需要在后续的研究中继续完善。

由于 CNN/DailyMail 数据最早用于阅读理解任务，实验同时也采用了 NYT50 标准数据集（参考摘要更具备生成摘要的特点）进行模型的测试，结果如表 4.4 所示（加粗表示在该指标下效果最好）。

表 4.4 NYT50 数据集 ROUGE 评测结果

模型	ROUGE-1	ROUGE-2	ROUGE-L
PG+Coverage	43.71	26.40	37.79
Bottom-up	47.38	31.23	41.81
SENECA	47.94	31.77	44.34
BERTSumAbs	48.92	30.84	45.41
ESCA-LSTM	45.69	27.73	41.12
ESCA-Trans	47.63	30.10	43.94
ESCA-BERT	**49.41**	**32.22**	**45.83**
ESCA-CP	**49.41**	32.22	**45.83**
ESCA-CS	49.37	**32.34**	45.69

从 ROUGE 指标角度可以看出，ESCA-BERT 模型在两个数据集上的表现均高于目前较好的生成式摘要模型（BERTSumAbs）1%～6.55%。尤其在 NYT50 数据集上，FGIM-BERT 模型在 ROUGE-2 指标上的增幅更大，这说明模型在摘要生成过程中引入的可解释性细粒度信息更为有效。同时，模型在 2-gram 的表现更出色，说明 ESCA 模型更关注短语级别上的摘要。除使用 BERT 的基线模型外，ESCA-Transformer 的 ROUGE 指标较其他模型更优，说明 ESCA 模型的泛化能力更好，可以适应不同编码形式的任务，具有普遍有效性。通过基于 Transformer 与基于 BERT 的 ESCA 模型横向对比，更能说明预训练模型具有增强文本表征的能力，以及在特征提取上的普遍有效性，更适用于文本语义理解相关的任务。

2. 可控性能评估

为了更好地探究 ESCA 框架生成的摘要质量，是否符合预先期望的模型对于相关度与更新度的控制性能，在 ESCA-BERT 模型的基础上进行对可控性实验的评估工作。与人工进行可控性评估的方式不同，本实验采用自动评测指标 ROUGE 进行实验评估，利用构造两个测试特例数据集的方法进行模型的可控性测试。针对不同的阈值 ϵ，选取 4 个阈值分别构造不同的掩码矩阵，对句间交互矩阵 $\boldsymbol{Q}$ 进行不同程度的微调，并用于文档潜在中心度的更新过程，其中当阈值为 0 时，代表不加控制的模型效果表现。表 4.5 所示为 ESCA-BERT 模型在两个特例数据集中的实验结果。

表 4.5　ESCA-BERT 的可控性能比较（不同阈值）

可控性	阈值	ROUGE-1	ROUGE-2	ROUGE-L
更新度 ϵ_n	$\epsilon_n = 0$	44.78	35.39↑	42.25↑
	$\epsilon_n = 0.3$	45.66↑	36.28↑	43.05↑
	$\epsilon_n = 0.5$	45.26↑	36.08↑	42.67↑
	$\epsilon_n = 0.7$	45.28↑	35.90↑	42.71↑
相关度 ϵ_r	$\epsilon_r = 0$	41.35↑	18.50↑	38.57↑
	$\epsilon_r = 0.3$	41.41↑	18.57↑	38.62↑
	$\epsilon_r = 0.5$	41.52↑	18.67↑	38.55↑
	$\epsilon_r = 0.7$	41.27↓	18.44↓	38.43↓

表中，↑或者↓代表在当前阈值控制下，相较不加控制的模型 ROUGE 分数提升或者下降。从实验结果可以看出，在不同阈值的控制下，对更新度的控制可以捕捉到更多样化的摘要。由于更新度数据集中的参考摘要增加了与文章后半段内容相关联的信息，在最终的 ROUGE 指标上，基于更新度的可控摘要生成的 ROUGE 得分比阈值为 0 的情况有一定程度的提升，这说明加入可控信息后，系统生成的摘要能够向文章的全局信息靠拢。

在相关度的评测中，阈值为 0.5 时，模型生成的摘要在相关度的调控上达到最优，而 ROUGE-L 的指标有一定程度的下降，说明模型在长序列的表征上还存在一定的提升空间。同时，随着阈值的增加，ROUGE 指标有一定的下降，这说明模型的可控性能与摘要质量之间存在一定的权衡和适应性。同时，通过表 4.5 也可以看出，相关度与更新度的可控实验中，ROUGE 分数的变化较为微弱，主要有两个原因：第一，可调控摘要的控制性要尽可能地保留原始 ESCA 模型所具有的信息内容，因此 ROUGE 指标不会有特别大的改变；第二，ROUGE 评价指标本身也存在一定的弊端，尤其是使用一些重叠词的方式评判模型的好坏存在争议，因此为了进一步验证两个可控参数的有效性，采用了人工测评与实例分析的方法进行补充实验。

3. 人工评测

为了验证 ESCA 框架中建模的可解释性信息是否影响最终摘要的生成，从而使模型生成的摘要具备更新度、相关度等可控信息，这里采用问答和多标准排序的方法组织人工评测，其结果如表 4.6 所示（加粗表示在该指标下效果最好）。

表 4.6　基于问答和多标准排序的人工评测结果

模型	QA	多标准排序			
		信息性	多样性	相关性	流畅性
GOLD	—	**0.30**	**0.40**	0.13	**0.48**
PG+Coverage	26.0	−0.28	−0.43	−0.05	−0.39
Bottom-up	31.3	−0.07	0.02	−0.08	−0.02
Inconsistency	29.8	−0.10	−0.12	−0.15	−0.14
ESCA-BERT	39.2	0.15	0.14	**0.15**	0.12
Bottom-up	—	−0.23	−0.07	−0.15	—
ESCA-BERT	—	**0.10**	0.03	0.05	—
ESCA ($\epsilon_n = 0.3$)	—	0.05	**0.10**	0.02	—
ESCA ($\epsilon_r = 0.5$)	—	0.07	-0.02	**0.07**	—

表中，GOLD 为数据集中给定的参考摘要，本实验也将其加入到基线模型的比较中，作为不同基线模型摘要质量的上限。在多标准评测中，共有 4 个度量性质，包括信息性、多样性、相关性、流畅性。在实验中对这 4 个度量性质的定义如下。

① 信息性：摘要提供了多少有用的信息。

② 多样性：每个摘要句提供了多少更新的信息。

③ 相关性：摘要集合与文章的相关度高低。

④ 流畅性：摘要在语法上的准确率如何，是否连贯。

因此，在人工测评过程中，志愿者将严格按照以上度量性质对不同系统产生的摘要进行评估。表 4.6 中包含多个基线模型的对比实验以及与 ESCA 模型自身的对比，其中在 ESCA 自身的对比实验中，在 ESCA 模型基础上，对比了不同阈值的相关度与更新度对于模型表现的影响。

从实验结果中可以看出，ESCA 模型框架中生成的摘要在问答评估方法中取得了更高的得分，相较其他"选择并生成"摘要风格的模型人工评测效果更好，为模型的上限。但是由于问答评估方法中，问题的构建均来自参考摘要，而 GOLD 项即为参考摘要，因此 GOLD 项不参与评估。问答实验能够直观地证明，ESCA 模型在实验中能够给出的正确答案的比例最大，模型生成的摘要质量更高。

在多标准排序中，5 个基线模型共同参与对比，进行排名。在第一列信息性排名中，ESCA 模型的信息性更好，说明模型生成的摘要具备更多的信息量；在第二项多样性排名中，ESCA 模型的效果仅次于 GOLD（参考摘要），即模型生成的摘要具备多样性的特点，摘要句之间不会过多重复同一个信息主题，更加具备发散性；在第三项相关性排名中，ESCA 的主题相关度甚至高出了 GOLD（参考摘要）0.02 点，这部分可能存在人工评估误差，但也从另一个角度说明该模型在摘要与主题的关联度上表现更好；在第四项流畅性的排名中，通过各个模型的对比也能发现，ESCA-BERT 模型在语法流畅性上表现更好。基于人工评估综合考量，ESCA 模型能够产生质量更高的摘要。

在可控性测试中，选用更新度阈值为 0.3、相关度阈值为 0.5 的 ESCA 模型参与对比，同时与基线模型 Bottom-up 以及不加控制的 ESCA 模型共同参与人工评测。从评测结果中可以看出，经过更新度控制后的模型，最终生成的摘要在多样性指标上表现更好，取得了不错的效果；而经过相关度控制后的模型，生成的摘要在相关性指标上的表现更出色，说明摘要更能契合文章的主题，与文章紧密相关。

4. 信息抽取模型消融实验

下面针对可解释抽取模型中所包含的相关组件进行实验，以证明这些组件模块的有效性。实验目标是确定 pair-wise 的学习目标能否建模句间的复杂关系，并提升信息抽取的质量。

实验将 pair-wise 学习目标更换为传统的 point-wise 学习目标（利用预测得分直接与摘要–非摘要的 0-1 标签计算损失值），并在 ROUGE 指标上进行比较，如表 4.7 所示。

表 4.7　point/pair-wise 学习目标对比实验

模型	ROUGE-1	ROUGE-2	ROUGE-L
Extractor$_{point-wise}$	32.68	15.41	30.33
Extractor$_{pair-wise}$	36.41	17.19	33.68

表中比较了不同学习目标训练的抽取模型在同一数据集中的测试结果，选取 Top-5 个句子作为最终抽取结果进行比较。从表中可以看出。pair-wise 学习目标在 ROUGE 评分上明显优于 point-wise 学习目标，相对提升的幅度约为 11%。这表明经由 pair-wise 目标学习到的整体文章中心度分布更接近参考摘要，同时与普遍采用的 point-wise 目标相比，抽取模型的效果更显著。

此外，交互矩阵同样进行了对比实验，由于自注意力机制句间交互矩阵的构建方式与自注意力机制非常相似，因此在保证编码方式相同的基础上，将句间交互矩阵替换为自注意力层作为自注意分类器，用于预测文章的中心度分布，并最终取 Top-3 个句子作为抽取后的内容，进行实验对比，如表 4.8 所示。

表 4.8　自注意力与句间交互矩阵模型抽取效果对比实验

模型	ROUGE-1	ROUGE-2	ROUGE-L
Extractor$_{self-attention}$	42.8	20.1	39.2
Extractor$_{interaction-M}$	42.7	20.0	39.2

从表中数据可以看出，两个句子中心度的获取方法没有特别显著的差异，均取得了不错的实验效果，说明句间交互矩阵能够像自注意力机制一样，在内容质量的选择上没有显著的差异。但是自注意力机制并不能像句间交互矩阵一样获取细粒度的可解释信息进行合理建模，模型还是在黑盒的基础上对句子进行预测，而从这一点思考，句间交互矩阵的方法就显得更加合理。

5. 可视化及实例分析

为了更好地对模型进行评估，进一步验证两个可控参数的有效性，实验采用了数据可视化及实例分析的方法进行验证。首先，为了更直观地分析交互矩阵的作用，将控制矩阵 Q 在可解释过程中的句子重要度分布情况以热度图的形式展示出来，如图 4.4 所示。

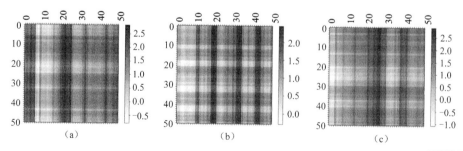

图 4.4　句子中心度可视化分布

图 4.4（a）所示为不加控制的交互矩阵热度图，图 4.4（b）所示为经过更新度控制后重构的交互矩阵热度图，图 4.4（c）所示为经过相关

彩图 4.4

度控制后重构的交互矩阵热度图，深蓝色部分为一篇文章中较为重要的段落，即可以认为中心度权重随着蓝色的加深而增高。从图中不难发现，更新度可以将集中于文档前中部分的权重信息分散到文档的不同跨度上，以此获得多样性信息主题的作用［图 4.4（b）］；而相关度则略微降低了文档开头部分的中心度权重，同时增强了文章更突出的中心部分，即系统生成的摘要更加能够突出与文章主题相关联［图 4.4（c）］。

　　为了分析模型生成摘要时的可调控能力，实验使用的方法是结合具体实例进行分析，对测试集数据的模型预测结果进行随机采样，用于验证 ESCA 及其可控变体生成的实际摘要的效果，具体实例如图 4.5 所示，其中 Gold Summary 为数据集中的参考摘要，横线部分代表内容相似的摘要信息。从第一个例子中可以看出，经过相关度控制后的模型与原始 ESCA 模型相比，能够生成更多的相关内容（绿色高亮部分），同时保留原始 ESCA 模型中的基础信息（横线部分），此外能够发现模型生成的摘要长度也有一定的增加。通过第二个例子对更新度控制后的模型生成的实例摘要可以看出，首先参考摘要与 ESCA 原始模型生成的摘要都在说明同一个主题，即"Talley's longevity"（图中画线句子）。但是一个高质量的摘要应该在原文基础上覆盖更新颖的内容，而经由更新度控制的 ESCA 模型在保留原始主题信息的基础上，生成一个关于"Talley have lived in where"的信息（黄色高亮部分）。当模型生成此类摘要时，在自动化衡量指标 ROUGE 中往往会获得更低的分值，主要原因在于 ROUGE 指标的评价方法更注重模型生成摘要与参考摘要之间的单词重叠部分以此评判模型的优劣，而该实例分析也从另一个角度证实了 ECSA 模型在人工评测中获取更好分值的原因。

参考摘要（Gold Summary）
- Police officers have shut down an enormous 1000 rave in Sydney's east.
- They were called to abandoned industrial area in botany on Saturday night.
- Police were forced to use capsicum spray on the group after back up came.
- One officer had glass removed from his head after the crowd threw bottles .
- A woman was arrested and is being questioned after assaulting an officer .

ESCA-BERT
- … have sustained injuries after attempting to close down an enormous 1000 rave … .
- One officer had to have a piece of glass removed from his head after having a bottle thrown at him.

经过相关度的控制（$\epsilon_r = 0.5$）
- … sustained injuries after attempting to close down an enormous 1000 person rave in Sydney's east.
- Police were forced to use capsicum spray on … and one officer had to have a piece of glass … .
- A 26-year-old woman was arrested after she allegedly assaulted an officer .

参考摘要（Gold Summary）
- Jeralean Talley was born on May 23, 1899.
- She credits her longevity to her faith.
- Inherited the title of world's oldest person following the death of Arkansas woman … .

ESCA-BERT
- Jeralean Talley was born in rural montrose on May 23, 1899 , and credits her long life to her faith.
- Asked for her key to longevity, the Detroit free press reports .
- Gertrude Weaver, a 116-year-old arkansas woman who was the oldest … .

经过更新度的控制（$\epsilon_n = 0.3$）
- … tops a list maintained by … Geron planck , which tracks the world's longest-living prople .
- Talley's five generations of her family have lived in the Detroit area .
- Talley was born on May 23, 1899 , and credits her long life to her faith.

彩图 4.5

图 4.5　文本摘要实例分析

本 章 小 结

　　传统的摘要生成模型通过隐状态决策，可解释性弱。在生成过程中，存在缺乏对文章重要信息的指导，容易忽略编码信息中的不同特征属性信息等问题。本书希望能够提取可解释的信息，并在生成阶段加入控制，用可解释信息指导生成过程。首先，本章提出了一种新颖的"先抽取后生成"的摘要框架——ESCA，将第 3 章提取出的可解释信息用于对生成阶段的控制。控制的引入使用了一种基于混合连接的生成模型，对文本生成模型中的单词概率进行更细致的更新，同时提出了一种可控方法，增加生成过程对可解释信息的控制和指导，为文本摘要任务提供了一种新的可控生成思路。其次，本章在Transformer 框架的基础上部署指针生成网络的部件，实现模型并行训练，提升了模型效率。最后，本章对可解释可控整体框架下的模型进行总体实验效果分析，同时对模型的特点（可解释性、可控制等）分别构思特定的实验，证明模型的有效性。利用可视化与实例分析等方法展示了该模型的可控性效果。

参 考 文 献

[1] LI W, XIAO X, LYU Y, et al. Improving neural abstractive document summarization with explicit information selection modeling [C]// In Proceedings of the 2018 Conference on Empirical Methods in Natural Language Processing. Brussels: EMNLP, 2018: 1787-1796.

[2] SEE A, LIU P J, MANNING C D. Get to the point: summarization with pointer-generator networks [C]// In Proceedings of the 55th Annual Meeting of the Association for Computational Linguistics. Vancouver: ACL, 2017: 1073-1083.

[3] MANNING C D, SURDEANU M, BAUER J, et al. The Stanford coreNLP natural language processing toolkit [C]// Proceedings of 52nd Annual Meeting of the Association for Computational Linguistics: System Demonstrations. Baltimore: ACL, 2014: 55-60.

[4] LIU Y, LAPATA M. Text summarization with pretrained encoders [C]// In Proceedings of the 2019 Conference on Empirical Methods in Natural Language Processing and the 9th International Joint Conference on Natural Language Processing, Empirical Methods in Natural Language Processing. Hong Kong: EMNLP-IJCNLP, 2019: 3728-3738.

[5] KINGMA D P, BA J L. Adam: a method for stochastic optimization [C/OL]// (2017-01-30) [2022-05-07]. In 3rd International Conference on Learning Representations 2015. https://arxiv.org/pdf/1412.6980v9.pdf.

[6] FREITAG M, AL-ONAIZAN Y. Beam search strategies for neural machine translation [C]// In Proceedings of the First Workshop on Neural Machine Translation, NMT@ Annual Meeting of the Association for Computational Linguistics 2017. Vancouver: ACL, 2017: 56-60.

[7] WU Y, SCHUSTER M, CHEN Z, et al. Google's neural machine translation system: bridging the gap between human and machine translation [J/OL]. CoRR, 2016, abs/1609.08144.

[8] ZHENG H, LAPATA M. Sentence centrality revisited for unsupervised summarization [C]// In Proceedings of the 57th Conference of the Association for Computational Linguistics. Florence: ACL, 2019: 6236-6247.

[9] CHEN Y, BANSAL M. Fast abstractive summarization with reinforce-selected sentence rewriting [C]// In Proceedings of the 56th Annual Meeting of the Association for Computational Linguistics. Melbourne: ACL, 2018: 675-686.

[10] HSU W T, LIN C, LEE M, et al. A unified model for extractive and abstractive summarization using inconsistency loss [C]//
      In Proceedings of the 56th Annual Meeting of the Association for Computational Linguistics. Melbourne: ACL, 2018:
      132-141.

[11] SHARMA E, HUANG L, HU Z, et al. An entity-driven framework for abstractive summarization [C]// In Proceedings of the
      2019 Conference on Empirical Methods in Natural Language Processing and the 9th International Joint Conference on
      Natural Language Processing, Empirical Methods in Natural Language Processing. Hong Kong: EMNLP-IJCNLP, 2019:
      3278-3289.

第5章
可控文本生成方法

前面介绍了多种利用概念信息控制文本生成的方法,接下来介绍可控文本生成方向上的一些研究。当前在文本生成任务中有两种流行形式。

第一种形式是属性条件生成[1],即给定一段文本的开头,模型顺序生成后续文本,要求生成的文本能够连贯流畅地接上开头,后续每个时刻根据之前的词生成下一时刻的词,同时具有控制变量 c 所指定的属性,即

$$p\left(y_t,\cdots,y_l \mid y_1,y_2,\cdots,y_{t-1}\right) = \prod_{i=t}^{l} p\left(y_i \mid c,\{y_1,y_2,\cdots,y_{i-1}\}\right) \tag{5.1}$$

第二种形式是文本属性转换[2-3],即输入一个或一些完整的句子,模型对输入句子进行重写或生成摘要,重新生成句子,生成的句子要保留原句的内容,同时具有控制变量 c 所指定的属性,即

$$p\left(y_1,\cdots,y_l \mid x_1,x_2,\cdots,x_m\right) = \prod_{i=1}^{l} p\left(y_i \mid c,\{x_1,x_2,\cdots,x_m\},\{y_1,y_2,\cdots,y_{i-1}\}\right) \tag{5.2}$$

研究者通过不同的方法达成"控制并生成"这个目标,如 Ghazvininejad 等[4]和 Holtzman 等[5]用加权解码的方法,即通过在解码步骤中增加目标词的概率来控制输出文本词,但这种方法被证明会产生不连贯的文本[6]。Kikuchi 等[7]尝试用降低终止符概率或在束搜索时抛弃不符合长度的序列来控制生成文本的长度。

5.1 可控文本生成方法概要

本节从文本风格控制、主题控制和顺序控制三方面简要介绍可控文本生成方法。

1. 文本风格控制

在生成文本的风格控制方向上,一个活跃的研究领域为非平行语料库的文本风格变换。Shen 等[8]对非平行语料库的文本风格迁移进行了理论分析,并在此基础上提出了一种有鉴别器的交叉对齐的自编码器,主要关注风格转换时的情感和词语对

齐。Hu 等[9]使用带有鉴别器的变分自编码器来生成具有可控属性的句子。该方法首先学习一个解耦的隐藏表示,并由其生成一个句子,该方法主要关注情感和时态属性对风格变换的作用。Fu 等[10]探索了做到风格迁移的两种模式:第一种模式是使用多个解码器对应多种风格的生成;第二种模式是将风格的嵌入融入编码表示中,只需要学习一个解码器即可生成不同的风格。Li 等[11]首先提取与风格有关的词或短语,将它们从原句中删除,用与目标风格相关的词语进行替换,然后使用深度学习模型将这些信息组合为流畅的输出。Zhao 等[12]用对抗的方法训练自编码器来获取与风格无关的隐状态表示。

2. 主题控制

在生成文本的主题控制方向上,摘要生成显然是一种对生成内容主题控制的方式,即摘要的主题要紧贴文档的中心主题。相关工作已在第 4 章介绍过,这里不再赘述。

此外,还有一些研究者通过给定图形化或半结构化信息来控制生成的内容。Mei 等[13]选择数据库中相关的记录并生成自然语言概述。Wen 等[14]为特定任务的对话响应生成选择和描述槽值对。Lebret 等[15]在给定信息框的情况下生成维基百科式的传记摘要。

3. 顺序控制

在生成文本的结构控制方向上,除了一些用模板来确定结构的方法外,主要研究实体或句子级别的排序问题。句子排序任务指的是给定一系列句子,如何将其排列为连贯性最好的顺序[16]。在实际应用中,对于句子顺序的控制是很有实际意义的,因为模型在选择需要展示的信息后,必须确定这些信息呈现的顺序。正因为句子顺序在下游应用中的重要性,与此相关的工作比较丰富。例如,多文档摘要任务中每个文档的信息排序[17-18],故事生成任务的事件顺序[19-20],概念到文本的生成任务中的概念排序[21],菜谱生成任务中的烹饪步骤[22]等。

在句子排序的相关研究中,早期对于排序连贯性的研究主要使用基于语言特征向量的概率转换模型[23],将主题表示为隐马尔可夫模型中状态的内容模型[24]和基于实体的研究[25]。之后使用神经网络的方法建模连贯性来解决句子排序问题:Li 等[26]使用递归神经网络引入了基于分布句子表示的神经网络模型,避免了该任务的特征工程;Gong 等[27]提出了一种端到端的神经网络结构来完成句子排序任务,该结构使用指针网络来利用整篇文档的上下文信息。最近的研究提出了分层的架构:Logeswaran 等[28]使用两层的 LSTM,首先计算句子编码,然后计算整个文段的编码;Cui 等[29]使用 Transformer 网络作为段落编码器,以实现可靠的段落编码。两者均是将句子排序任务视为一个序列预测任务,将句子的顺序预测为一个序列,其解码器由文档级编码初始化,并按顺序输出句子索引。

5.2 基于特定风格的可控标题生成

1. 主要问题

基于特定风格的标题生成这一任务目前面临以下问题。

（1）缺乏标注数据

现有的数据大多是文章和无风格的标题组成的标注数据，也就是一些常用的新闻数据，如 CNN、DailyMail、Gigaword 等，但是同样的文章缺乏对应的特定风格（如幽默、浪漫、高点击率等）的标题。

（2）缺乏可解释性

具有特定风格的标题通常包括两部分，即"风格"和"内容"，但大多数传统方法[30-31]很难从生成的标题中区分两者。有一些风格迁移相关的方法[11,32]能够从 n-gram 的层面区分两者，但是这些方法会在一定程度上损失文本的流畅度或内容保留度。这种方法先删除一些具备源风格属性的词，剩下的部分即为"内容"，然后在目标语料中检索与"内容"相似的词语对"内容"进行填充，或者用生成模型（如 GPT，generate pre-training）生成具备目标风格的文本。

（3）评测方法不统一

目前这类任务的评测方法还没有完全统一，常用的 ROUGE、BLEU 等方法在评价风格标题的内容保留度方面也存在缺陷。

2. 解决方法

针对上述问题中的前两个，本书提出了一种两阶段的生成模型，包括一个编码器和两个解码器（分别称为风格解码器和插入解码器），如图 5.1 所示。

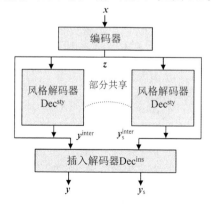

图 5.1　模型训练框架

模型先由编码器对文章进行编码，得到编码表示 z，即

$$z = \mathrm{Enc}(x) \tag{5.3}$$

在第一阶段由风格解码器生成包含一些体现特定风格的词汇的中间输出，也就是 $\boldsymbol{y}_s^{\mathrm{inter}}$，即

$$\boldsymbol{y}_s^{\mathrm{inter}} = \mathrm{Dec}_s^{\mathrm{sty}}\left(\boldsymbol{z}, \boldsymbol{\alpha}_s, \boldsymbol{W}_s^q\right) \tag{5.4}$$

在第二阶段由插入解码器在 $\boldsymbol{y}_s^{\mathrm{inter}}$ 基础上填充内容词，得到具备特定风格的标题 $\boldsymbol{y}_s$，即

$$\boldsymbol{y}_s = \mathrm{Dec}^{\mathrm{ins}}\left(\boldsymbol{z}, \boldsymbol{y}_s^{\mathrm{inter}}\right) \tag{5.5}$$

风格解码器是部分共享的,因此模型在生成特定风格标题 $\boldsymbol{y}_s$ 的同时也可以生成无风格的标题 $\boldsymbol{y}$，如图 5.2 所示。

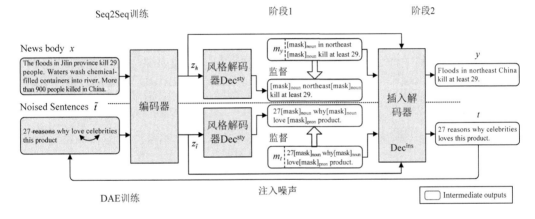

图 5.2　模型训练框架

在训练阶段，只需要文章和无风格的标题组成的标注数据和由特定风格的句子组成的无监督数据：前者采用了 CNN 和 NYT 两个语料的合并数据，后者采用了 BookStore 中的特定题材（幽默、浪漫等）的小说数据。整个模型采用多任务训练框架，如图 5.2 所示，分别在两个语料上做序列到序列的训练 Task_y 和去噪自编码训练 Task_t，有

$$L = \lambda L_{\mathrm{Task}_y} + (1 - \lambda) L_{\mathrm{Task}_t} \tag{5.6}$$

可以从词性的角度来划分风格词与内容词。很多文章所对应的标题往往具备一些相似的语言特征，比如表 5.1 中的 "How to do"，而这些标题中不同的部分则体现了各自的 "内容"，如图中的 "home" "college" 等，这些 "内容" 通常是一些实体词。这样的现象可以说明,文本中特定的风格属性可以由一些语言模式来显式地诠释。表示 "内容" 的词汇则通常是一些实体词，如名词、代词、方位词等。对于同一篇文章来说，对应的

不同风格的标题包含的"内容"词通常不会随着风格的变化而变化。相对应地，可以将其他词性的词归为"风格词"。

表 5.1　风格词与内容词

	示例 1	示例 2
文章	Eric Liu: the two dominant images of veterans in everyday culture are hero or victim. Liu : veterans want to be known for being great citizens back home. He says we should hire, connect, mentor, empower and invest more in veterans. Liu : let's also consider mandating national service, whether military or civilian.	Harry Potter is being taught at colleges across the country. These courses often focus on theological themes in the books. Harry Potter is analyzed in the context of C.S. Lewis and J.R.R. Tolkien. Report: tell us what's the strangest college course you've ever taken?
摘要	How to find a new home for veterans *Style related patterns* [noun] [noun] ↓ How to do a ⌞__⌟ for ⌞__⌟	How to train for a great college course *Style related patterns* [noun] [noun] ↓ How to do a ⌞__⌟ ⌞__⌟

为了实现图 5.2 所示的两阶段训练过程，需要给模型的第一阶段提供中间监督信号，这里对原语料中的无风格标题和有风格句子（即图 5.2 中的 y 和 t）按表 5.2 所示处理，先利用 Stanford CoreNLP[33]进行词性标注，然后对"内容"对应的词性（名词、代词、连词、方位词）用对应的符号以 0.2 的概率做屏蔽操作，得到模型在第一阶段的监督信号。

表 5.2　构造中间监督信号

	示例 1
原始标题	27 reasons why celebrities love this product.
POS 标注后	[('27','CD'),('reasons','NNS'),('why','WRB'),('celebrities', 'NNS'),('love','VBP'),('this','PN'),('product','NN'),('.','.')]
处理标题	27 [mask]$_{noun}$ why[mask]$_{noun}$ love[mask]$_{pron}$ product.

	示例 2
原始标题	Curfew imposed after deadly clashes between Buddhists, Muslims in Myanmar.
POS 标注后	[('curfew','NN'),('imposed','VBN'),('after','CC'),('eadly','JJ'),('clashes','NNS'),('between','IN'), ('buddhists','NNS'),('.','.'),('muslims','NNS'),('in','IN'),('myanmar', 'NN'),('.','.')]
处理标题	[mask]$_{noun}$ imposed[mask]$_{conj}$ deadly clashes between [mask]$_{noun}$, muslims in myanmar.

　　实验方面，将模型（T-SHG）和目前主流的几种基准模型[30-32]进行比较，评测主要针对两个方面，即内容保留度和风格准确度，表 5.3 是自动评测的结果（加粗表示在该指标下效果最好）。在内容保留度方面，用 BLEU 和 ROUGE 指标进行评测，可以看到

T-SHG 优于所有基准模型；从 PPL 这项指标可以看到，T-SHG 模型生成的标题在流畅度方面比基准模型也有所提升。在风格准确度方面，采用主流的两种分类器（FastText 和 BERT-based）进行评测，T-SHG 模型在该指标上以 10%～36% 的增幅超过所有基准模型。此外，还用 Distinct-Ngram 这项指标评测了标题的多样性，可以看到，T-SHG 模型可以在风格语料中学到多样而非单一的语言特征。

表 5.3　自动评测结果

风格	模型	BLEU (↑)	ROUGE-1 (↑)	ROUGE-2 (↑)	ROUGE-L (↑)	ACC-BERT (↑)	ACC-FastText (↑)	D-1 (↑)	D-2 (↑)	D-3 (↑)	PPL (↑)
幽默	MASS-Stylistic	2.87	19.0	4.8	16.5	50.83	51.03	0.14	0.65	0.91	40.04
	GST	6.90	17.9	4.5	15.9	57.18	50.23	0.21	0.78	0.93	68.86
	ST	3.91	20.3	5.5	18.5	53.44	56.18	0.19	0.76	0.94	77.07
	TitleStylist	8.83	26.8	9.1	23.9	50.83	51.03	0.22	0.71	0.89	25.95
	T-SHG	**8.92**	**27.2**	**9.3**	**24.5**	**64.32**	**65.87**	0.20	0.72	0.84	**25.35**
	TitleStylist-F	10.33	27.7	9.8	25.0	NA	NA	0.23	0.72	0.89	**25.24**
	T-SHG-F	**10.87**	**28.2**	**9.5**	**25.4**	NA	NA	0.22	0.73	0.91	25.50
浪漫	MASS-Stylistic	2.67	18.0	4.4	15.6	53.22	52.97	0.13	0.63	0.90	42.15
	GST	4.02	22.3	7.3	20.3	50.08	50.46	0.20	0.73	0.90	62.75
	ST	3.80	20.6	5.8	18.7	54.93	54.32	0.19	0.75	0.94	83.78
	TitleStylist	8.64	26.3	8.9	23.3	51.16	51.33	0.21	0.70	0.89	**24.46**
	T-SHG	**8.78**	**26.8**	8.9	**23.7**	**62.15**	**69.93**	0.18	0.71	0.88	24.71
	TitleStylist-F	10.11	27.1	9.6	24.4	NA	NA	0.22	0.70	0.88	**23.20**
	T-SHG-F	**10.84**	**29.1**	**10.3**	**25.9**	NA	NA	0.21	0.73	0.90	24.67
标题党	MASS-Stylistic	1.62	16.2	3.5	13.4	53.98	52.08	0.17	0.69	0.93	83.15
	GST	5.30	22.9	6.5	20.7	58.27	56.68	0.21	0.76	0.93	45.17
	ST	4.50	23.5	7.1	23.2	55.23	57.18	0.20	0.76	0.92	93.97
	TitleStylist	8.82	27.2	9.2	24.5	56.03	59.07	0.26	0.79	0.94	32.02
	T-SHG	**8.94**	**27.7**	**9.3**	**24.7**	**69.43**	**63.85**	0.23	0.78	0.95	**31.82**
	TitleStylist-F	10.32	27.8	9.7	25.0	NA	NA	0.23	0.73	0.90	25.88
	T-SHG-F	**11.45**	**28.4**	**10.7**	**25.7**	NA	NA	0.21	0.74	0.91	**25.34**

除了自动评测外，本实验还进行了人工评测，由 10 位英语水平良好的研究生对 20 篇随机选取的文章和对应标题进行评测，评价标准包括相关性、吸引度、流畅度、多样性 4 个方面。每人针对每项标准，在所有模型生成的标题中选取表现最好的计 1 分，选取表现最差的计 -1 分，其余模型计 0 分，最终计算每个模型的平均得分作为最终得分。从表 5.4 可以看出，T-SHG 模型取得了和自动评测一致的结果，在所有模型中表现最佳。从表 5.5 可以看出，T-SHG 模型在不同风格下生成的标题样例。

表5.4 人工评测结果

风格	模型	相关性	吸引度	流畅性	多样性
幽默	MASS-Stylistic*	0.10	−0.13	−0.01	−0.10
	GST*	0.10	−0.38	−0.30	0.15
	ST*	−0.49	−0.08	−0.40	−0.23
	TitleStylist*	0.06	0.18	0.20	0.02
	T-SHG	**0.23**	**0.41**	**0.51**	**0.16**
浪漫	MASS-Stylistic*	0.32	−0.22	0.06	−0.08
	GST*	−0.09	−0.20	−0.32	−0.04
	ST*	−0.41	−0.12	−0.30	−0.07
	TitleStylist*	−0.01	0.20	0.09	−0.04
	T-SHG	0.19	**0.34**	**0.47**	**0.23**
标题党	MASS-Stylistic*	**0.28**	−0.25	−0.02	0.23
	GST*	−0.48	−0.11	−0.32	−0.21
	ST*	−0.12	−0.13	−0.14	−0.3
	TitleStylist*	0.10	0.01	0.17	−0.31
	T-SHG	0.22	**0.53**	**0.31**	**0.58**

表5.5 不同风格下的生成样例

	示例1
摘要	The world health organization proposes new guidelines for sugar consumption. Who says we should eat less than 5% of our total daily calories from sugars. For an adult with a normal BMI, 5% is around 25 grams of sugar. What of big concern is that the role sugars play in causing dental diseases worldwide.
无	Who-proposed sugar recommendation comes to less than a soda per day.
标题党	Is sugar really that bad for you?
浪漫	I want a little bit of sugar…
幽默	What should I know about sugar?

	示例2
摘要	Gavin Pretor-Pinney: clouds entrance kids, but for adults are often metaphors for gloom. But he says they are one of the most diverse, evocative, poetic parts of nature. He says scientists puzzled by what clouds can tell about predicting future climate change. Pretor-Pinney: in frenzied age, cloud spotting legitimately, blissfully allows us to do nothing.
无	Why you should keep your head in the clouds?
标题党	Why do we hate gloomy clouds?
浪漫	Look at the clouds, I love you.
幽默	The clouds aren't just clouds.

　　总之，本节介绍的方法是一种两阶段的基于特定风格的标题生成方法，在无监督的场景下，从词性角度解离"风格"与"内容"，将生成过程解离成生成风格词和填充内

容词两个阶段，模型在两个阶段各司其职，使生成的标题具备更显著风格特征的同时也能更好地保留内容。此外，这种两阶段的模型让我们可以通过模型的中间输出更清晰地看到模型学到了哪些风格特征，为这一任务提供了一定的可解释性。

5.3　即插即用的属性模型

前面介绍的由标注数据驱动的可控文本生成工作，一方面需要大量的标注数据，另一方面由于控制代码是事先给定的，因而不能随着下游任务的需要随时加入新的控制代码，灵活性不够。本节针对这两个问题，提出了一种基于预训练模型，需要少量或不需要标注数据，利用属性梯度来进行控制的即插即用的可控模块——PPLM（plug and play language model）[34]。

在文本生成方面，预训练生成模型已经有很好的生成能力，但是不能控制生成内容，所以在此基础上，受到图像领域类似工作的启发，Dathathri 等[34]想要利用预训练语言模型的强大生成能力，使用一个小模块来影响语言模型的生成方向。该工作使用的语言模型是 GPT-2，实际上这样的模块可以运用到各种自回归的预训练语言模型中。模型的简单图示如图 5.3 所示。

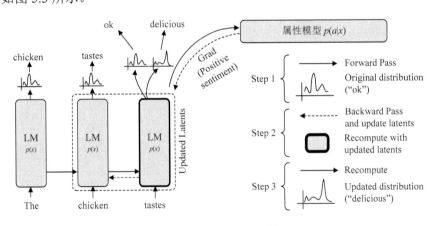

图 5.3　PPLM 示意图[34]

图中，LM 代表语言模型，属性模型（attribute model）是一个判别语言模型生成内容属于某一个特定属性概率的模型，可以是词袋，或一个少量数据即可训练的属性分类器。属性模型在判别后，将属性的梯度回传到语言模型，更改语言模型的隐状态，使语言模型重新前向计算，生成一个或多个词。具体的实现过程如下。

在预训练语言模型前向传播时，模型每一刻的隐状态 H_{t+1} 和输出 o_{t+1} 由前一刻的输入 x_t 和隐状态 H_t 决定，即

$$o_{t+1}, H_{t+1} = \mathrm{LM}\left(x_t, H_t\right) \tag{5.7}$$

对于该工作使用的预训练语言模型 GPT-2 来说，隐状态 H_t 代表 t 时刻的键值对。

在 PPLM 中，属性模型回传梯度后，改变了 H_t，将改变的量记为 ΔH_t。在训练伊始，ΔH_t 被初始化为 0，随后在生成过程中，ΔH_t 使得 H_t 向属性概率 $p(a|x)$ 更大的方向变化，即

$$\Delta H_t \leftarrow \Delta H_t + \alpha \frac{\nabla_{\Delta H_t} \log p\left(a \mid H_t + \Delta H_t\right)}{\left\| \nabla_{\Delta H_t} \log p\left(a \mid H_t + \Delta H_t\right)\right\|^{\gamma}} \tag{5.8}$$

随后更新语言模型隐状态，即

$$\widetilde{H}_t = H_t + \Delta H_t \tag{5.9}$$

然后用新的隐状态 $\widetilde{H}_t$ 代替式（5.7）中的 H_t，生成 t+1 步的输出。

在保证输出向属性概率 $p(a|x)$ 增大的方向偏移时，要同时增大语言模型生成概率 $p(x)$ 来保证生成内容的流畅性。用了两个方法：一个是降低改变后的输出概率分布 $\tilde{p}_{t+1}$ 与原概率分布 p_{t+1} 的 KL 散度；另一个是在采样生成词时，不直接从改变后的概率分布 $\tilde{p}_{t+1}$ 采样，而是从式（5.10）的融合概率分布中采样，即

$$x_{t+1} \sim \frac{1}{\beta} \tilde{p}_{t+1}^{\gamma_{\mathrm{gm}}} p_{t+1}^{1-\gamma_{\mathrm{gm}}} \tag{5.10}$$

式中，β 为规范化因数；γ_{gm} 为融合参数，实验设置在 0.8～0.95。

彩图 5.4

PPLM 的两组情感方向控制的实例如图 5.4 所示。中括号内的词是一种情感词，"-" 代表没有插入属性模型，即原本的 GPT-2 的输出，下划线标注部分是作为开头输入模型的一组词。可以看到，在同样的开头下，积极或消极情感的属性模型的插入可以促进语言模型生成对应情感的一些形容词。

[-] <u>The chicken</u> is now out on the grill. \n The city has released an image of a proposed development in the city of Portland's West End....

[Positive] <u>The chicken</u> was delicious – wonderfully moist, perfectly delicious, superbly fresh – and perfectly cooked. The only thing to say is that the sauce was excellent, and I think that the broth really complemented all of the other flavors. The best part was the sauce...

[Negative] <u>The chicken</u>pox epidemic may be over but the flu is about to get worse. The United States is facing one of the worst flu seasons on record and...

[-] <u>The country</u>'s new chief minister, A.J. Paik, is a member of a group of prominent conservative politicians who have criticized the Obama administration's efforts to...

[Positive] <u>The country</u>'s largest indoor painting event!\n Come celebrate with a dazzling display of stunning outdoor murals, a stunning display of art, and the world's best paint and art supplies from all over the world!

[Negative] <u>The country</u>'s top prison system is forcing prisoners to use a trash dump, rather than a toilet, to flush their waste out, as the authorities fear the waste is more toxic and could cause cancer, an official at a major prison has revealed....

图 5.4　PPLM 情感控制实例[34]

PPLM 的一组主题方向控制的实例如图 5.5 所示。中括号内的词是主题词，其他部分与情感控制的实例相同。可以看到，在不同主题属性模型的控制下，输入相同的一组词作为开头，语言模型能生成一些与主题相关的词语。

> **[–]** The issue focused on the way that the city's police officers have reacted in recent years to the deaths of Michael Brown in Ferguson, Mo., Eric Garner in New York City and Sandra Bland in Texas, as well as the shooting of unarmed teen Michael Brown by a white police officer in Ferguson, Mo.
>
> **[Military]** The issue focused on the fact that the government had spent billions on the military and that it could not deploy the troops in time. The prime minister said that the country would take back control of its airspace over Syria in the next 48 hours. \n The military is investigating why...
>
> **[Space]** The issue focused on a series of incidents that occurred in the past few months, which included an alleged attack by Islamic State fighters on a Kurdish checkpoint, the use of drones in combat, space technology research by Russian and American space companies, and more. \n The world...
>
> **[Science]** The issue focused on a single piece: the question "What is the meaning of life?" This question has puzzled many philosophers, who have attempted to solve it by using some of the concepts of quantum mechanics, but they have to solve it by the laws of nature themselves....
>
> **[Politics]** The issue focused on a single section of the legislation. It's unclear whether the committee will vote to extend the law, but the debate could have wider implications. \n "The issue of the law's applicability to the United Kingdom's referendum campaign has been one of...
>
> **[Computers]** The issue focused on the role of social media as a catalyst for political and corporate engagement in the digital economy, with the aim of encouraging companies to use the power of social media and the Internet to reach out to their target market. \n ...

图 5.5　PPLM 主题控制实例[34]

总之，本节介绍的方法基于本身就具有强大生成能力的预训练语言模型，通过一个轻量级的属性模型来对其生成内容进行指导。最大的优点是属性模型需要很少的训练数据和时间，甚至不需要训练，就可以灵活地运用于各种自回归语言模型，无须微调语言模型。

彩图 5.5

5.4　自监督学习的可控文本生成

与 PPLM 相似，Chan 等[35]利用预训练语言模型内含的知识，通过小改动实现对生成模型的控制，提出了 CoCon 模型。不同点在于，CoCon 不是用 PPLM 中较为抽象的属性来控制，而是做更细粒度的词和短语级别的控制。CoCon 用文本来控制，与 CTRL（conditional transformer language，有条件的文本生成模型）将控制文本输入开头的方法不同，CoCon 对控制文本和开头文本分别编码，然后通过一个 CoCon 块来进行融合。模型的整体示意图如图 5.6 所示。

图中，黄色部分为一个具有生成能力的预训练语言模型，实验中用了 GPT-2。首先将 24 层的语言模型拆分为两部分：前 7 层作为图中最下层的部分，负责将控制文本 c 或"提示"开头编码为向量表示，在 CoCon 块融合；后 17 层将融合后的向量表示解码为文本序列。由于 GPT-2 也是由 Transformer 层构成，其计算方法与第 3 章所述相同。

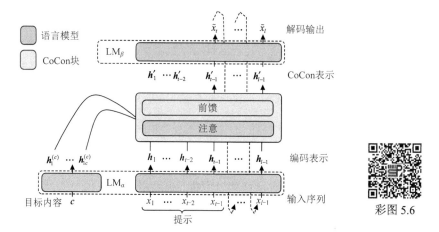

图 5.6　CoCon 模型示意图[35]

图中蓝色部分为 CoCon 块，是一个随机初始化的单层 Transformer 层，其输入是控制文本产生的向量表示和前缀文本的向量表示，输出是融合后的向量表示。融合的做法是将注意力计算中的键值用融合后的键值表示，融合方式是将两个输入拼接在一起，即

$$\boldsymbol{K}' = \left[\boldsymbol{K}^{(c)}; \boldsymbol{K} \right], \; \boldsymbol{V}' = \left[\boldsymbol{V}^{(c)}; \boldsymbol{V} \right] \tag{5.11}$$

有多重控制信息时，就将多个键值输入进行拼接，即

$$\boldsymbol{K}' = \left[\boldsymbol{K}^{(c^1)} \cdots \boldsymbol{K}^{(c^N)}; \boldsymbol{K} \right], \; \boldsymbol{V}' = \left[\boldsymbol{V}^{(c^1)} \cdots \boldsymbol{V}^{(c^N)}; \boldsymbol{V} \right] \tag{5.12}$$

然后用融合后的键值进行注意力计算，即

$$\boldsymbol{A} = \mathrm{softmax}\left(\boldsymbol{Q}\boldsymbol{K}'^{\mathrm{T}} \right)\boldsymbol{V}' = \mathrm{softmax}\left(\boldsymbol{W} \right)\boldsymbol{V} \tag{5.13}$$

由于 CoCon 块是随机初始化的，需要进行训练。该工作提出以自监督的方式进行训练。数据是由 GPT-2 生成的文本[①]，从 8～12BPE 位置随机将句子分割成两部分，分别记为 $\boldsymbol{x}^a$ 和 $\boldsymbol{x}^b$，$\boldsymbol{x}^a$ 作为前缀文本，$\boldsymbol{x}^b$ 作为目标文本，而控制文本根据任务的不同而改变。训练的目标是：生成的文本与前缀文本衔接流畅连贯，同时能复述出控制文本的内容。基于这两个目标，该工作设计了以下几个自训练损失。

1. 自重构损失

为了让模型能够复述出控制文本的内容，第一个任务是将 $\boldsymbol{x}^b$ 作为控制文本 c 输入，使模型的输出重构 $\boldsymbol{x}^b$，即复述控制文本。这个损失的计算公式为

$$L_{\mathrm{self}} = -\sum_{i=t}^{l} \log p_{\theta,\psi} \left[\boldsymbol{x}_i \mid \left(c = \boldsymbol{x}^b \right), \left\{ \boldsymbol{x}_1, \boldsymbol{x}_2, \cdots, \boldsymbol{x}_{i-1} \right\} \right] \tag{5.14}$$

---

① 数据来源：https://github.com/openai/gpt-2-output-dataset。

2. 无控制损失

为了让模型生成的内容与前缀文本流畅，即保持基本的语言模型生成能力，第二个任务在不输入控制文本，即 $c = \varnothing$ 的情况下训练。这个损失的计算公式为

$$L_{\text{null}} = -\sum_{i=t}^{l} \log p_{\theta,\psi}\left[\, \boldsymbol{x}_i \,|\, (c = \varnothing), \{\boldsymbol{x}_1, \boldsymbol{x}_2, \cdots, \boldsymbol{x}_{i-1}\} \right] \tag{5.15}$$

3. 循环重构损失

自重构任务已经能让模型复述出控制文本的内容，但这样的方法有一个弊端，就是控制文本与前缀文本是同一来源，其语句本身是在同一主题下的流畅语言，这与实际生成任务中，控制文本与前缀文本不相关的现实是有差距的，因此该工作设计了第三个自监督训练任务——循环重构任务。

彩图 5.7

具体的做法如图 5.7 所示。

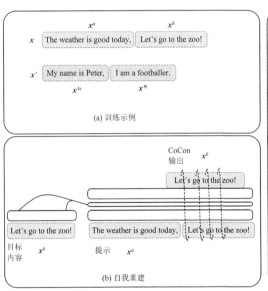
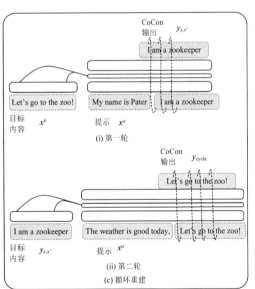

图 5.7　循环重构损失[35]

首先从训练语料随机选取两个句子，记为 $\boldsymbol{x}$ 和 $\boldsymbol{x}'$，分割为 4 个片段：$\boldsymbol{x}^a$、$\boldsymbol{x}^b$、$\boldsymbol{x}'^a$ 和 $\boldsymbol{x}'^b$。第一轮将 $\boldsymbol{x}^b$ 作为控制文本 c，$\boldsymbol{x}'^a$ 作为前缀文本 p，生成一个既衔接 $\boldsymbol{x}'^a$，又复述 $\boldsymbol{x}^b$ 的句子 $\boldsymbol{y}_{x,x'}$。第二轮将 $\boldsymbol{y}_{x,x'}$ 作为控制文本 c，$\boldsymbol{x}^a$ 作为前缀文本 p，生成一个既衔接 $\boldsymbol{x}^a$ 又复述 $\boldsymbol{y}_{x,x'}$（也即是复述 $\boldsymbol{x}^b$）的句子 $\boldsymbol{y}_{\text{cycle}}$，使 $\boldsymbol{y}_{\text{cycle}}$ 复述出 $\boldsymbol{x}^b$ 的内容。这个损失的计算公式为

$$L_{\text{cycle}} = -\sum_{i=t}^{l} \log p_{\theta,\psi}\left[\boldsymbol{y}_{\text{cycle}} = \boldsymbol{x}^b \mid \left(c = \boldsymbol{y}_{X,X'}\right), \left\{p = \boldsymbol{x}^a\right\} \right] \tag{5.16}$$

4. 对抗损失

对抗训练的方法被证实能够生成更现实的文本[36]，因此这里加入一个对抗损失来保证输出文本 $\text{LM}_\alpha(y)$ 与训练样本 $\text{LM}_\alpha(x)$ 相匹配。这个损失的计算公式为

$$L_{\text{adv}} = \mathbb{E}_x\left\{\log f_{\text{disc}}\left[\text{LM}_\alpha(x)\right]\right\} + \mathbb{E}_y\left\{\log\left(1 - f_{\text{disc}}\right)\left[\text{LM}_\alpha(y)\right]\right\} \tag{5.17}$$

式中，f_{disc} 为一个判别器，结构是一维卷积层接一个二分类线性层，用于判断文本是否为生成器产生的。f_{disc} 参数的训练方式是最大化对抗损失 L_{adv}，而 CoCon 的参数训练是最小化对抗损失 L_{adv}。

在给定 4 个自监督训练任务损失后，最终的损失为它们的加权和，并以此来更新 CoCon 层的参数 θ，即

$$\theta^* = \underset{\theta}{\arg\min}\left(\lambda_{\text{self}}L_{\text{self}} + \lambda_{\text{null}}L_{\text{null}} + \lambda_{\text{cycle}}L_{\text{cycle}} + \lambda_{\text{adv}}L_{\text{adv}}\right) \tag{5.18}$$

式中，λ 为各个部分的权重，实验中全部设置为 1。

在训练中，来自 GPT 的所有层参数是固定的，只需要训练 CoCon 块，即一个 Transformer 层，所以需要的训练语料和时间都很少，仅需 250k 语料训练两轮，在 NVIDIA V100 GPU 上训练时间不到 24 小时。

彩图 5.8

该工作的一些实例如图 5.8 所示。可以看出，在给定同样的前缀文本时，根据控制文本的不同，模型能输出相对应的文本，也可以多种控制文本叠加。

Content Input (c^1): **then men will have an even more difficult time**
+ Target Topic: COMPUTERS, Content Input (c^2): **Computers**
+ Target Sentiment: Negative, Content Input (c^3): **is horrible**

Once upon a time there are horrible machines. But men will have a much more difficult time. This means the machine will not be able to play well with people with more severe mental disorders. (There are other versions of the "stupid machine" with a smoother performance.) It will be difficult for them to learn a new skill or get better grades in school. It will also be hard for them to get better jobs. The system will, of course, not reward them for their hard work..

Content Input (c^1): **then men will have an even more difficult time**
+ Target Topic: COMPUTERS, Content Input (c^2): **Computers**

Once upon a time machines – computers will have a even more difficult time. In my experience, people will have a much more difficult time of it. If you can get over the technical difficulty of the machine, I can see how we can get a reasonably fast connection with you, just like we do with the Internet. It's better just to take the train and walk for a while and connect. It's not like it's a good idea to call ahead and get a pick-up..

Target Topic: COMPUTERS, Content Input (c^1): **Computers**

Once upon a time computers ran computers and created programs. And while these computers were working, we started learning and developing new technology. Our technology was built in this way. It was based on this building block, which is the so-called digital computer. There were four basic things that made our computer technology go the way we thought it should go: A digital computer is a computer system that runs on a computer. A computer is the component that connects to a computer. A computer is a computer with..

图 5.8　CoCon 实例[35]

彩图 5.9

图 5.9 给出了 CoCon 与其他可控文本生成模型的对比实例。可以看出，在给定同样前缀文本和控制信息（"Computer"）的情况下，PPLM 与主题不相关，CTRL 能生成相关领域的词，而 CoCon 由于重构训练任务的存在，能多次复述主题词，同时也能生成相关的词语。

Target Topic: **Computers**

[GPT-2] To conclude, I'd like to thank all the members who have contributed to this debate so far. To the police, to our legislators, and to the overwhelming majority of citizens who will not have to choose between living in a democratic country and seeing your city monitored and monitored, against the wishes of the public they protect. It makes me very proud. After my First Amendment line did the unthinkable and again this ..

[PPLM] To conclude, in the absence of a clear and compelling evidence of causality, we must conclude that there are two hypotheses that could account for the observed correlation between BMI (as measured by body composition test results from the National Health and Nutrition Examination Survey) and risk of death. One hypothesis is that BMI is associated with lower death rates. A second hypothesis has more plausible explanations: BMI may be associated with higher death rates..

[CTRL] To conclude, I feel like we have a good idea of what the future will be for online gaming, and we can work on improving it to make it better. Score: 7 Title: Is there any reason why this is not possible today? A new chip with faster RAM could do this. Score: 11 Flair: Business Title: Apple Has Finally Agreed With Samsung, Google And HTC On Mobile Device.

[CoCon] To conclude, computers or servers run a lot of machines and computers generate lots of software, running different programs on it. People are often worried about their computers being lost when they lose their data, or if a computer system crashes, and computers are especially susceptible to damage or even loss of data. Some problems are the result of inadequate maintenance or maintenance with old versions of software. For example, some programs might ..

图 5.9　多个可控生成模型实例对比[35]

本 章 小 结

本章介绍一些现有的可控文本生成工作。可控文本生成有属性条件生成和文本属性转换两种形式，主要的研究方向有风格控制、主题控制和顺序控制。本章从三个研究方向的现有研究展开，提出了一种风格可控的标题生成方法，针对风格标题生成任务中缺乏标注数据和可解释性的问题，提出了一种无监督训练的两阶段生成模型，并进行了实验验证。此外，还介绍了当前比较新颖的几种可控文本生成方法。

参 考 文 献

[1] FICLER J , GOLDBERG Y . Controlling linguistic style aspects in neural language generation [J/OL]. (2017-07-09) [2022-05-09]. arXiv. https://arxiv.org/pdf/1707.02633.pdf.

[2] JIN D, JIN Z, HU Z, et al. Deep learning for text style transfer: a survey [J]. Computational Linguistics, 2021: 1-51.

[3] SHEN T, LEI T, BARZILAY R, et al. Style transfer from non-parallel text by cross-alignment [J]. Advances in Neural Information Processing Systems, 2017, 30: 6830-6841.

[4] GHAZVININEJAD M, SHI X, PRIYADARSHI J, et al. Hafez: an interactive poetry generation system[C]// Proceedings of Annual Meeting of the Association for Computational Linguistics. Vancouver: ACL, 2017: 43-48.

[5] HOLTZMAN A, BUYS J, FORBES M, et al. Learning to write with cooperative discriminators[J/OL]. (2018-05-16)

[2022-05-09]. arXiv. https://arxiv.org/pdf/1805.06087.pdf.

[6] SEE A, ROLLER S, KIELA D, et al. What makes a good conversation? how controllable attributes affect human judgments [J/OL]. (2019-04-10) [2022-05-09]. arXiv. https://arxiv.org/pdf/1902.08654.pdf.

[7] KIKUCHI Y, NEUBIG G, SASANO R, et al. Controlling output length in neural encoder-decoders [J/OL]. (2016-09-30) [2022-05-09]. arXiv. https://arxiv.org/pdf/1609.09552.pdf.

[8] SHEN T, LEI T, BARZILAY R, et al. Style transfer from non-parallel text by cross-alignment [J/OL]. (2017-11-06) [2022-05-09]. arXiv. https://arxiv.org/pdf/1705.09655.pdf.

[9] HU Z, YANG Z, LIANG X, et al. Toward controlled generation of text [C]// International Conference on Machine Learning. Sydney: ICML, 2017: 1587-1596.

[10] FU Z X, TAN X Y, PENG N Y, et al. Style transfer in text: exploration and evaluation [C]// Proceedings of the Association for the Advance of Artificial Intelligence Conference. New Orleans: AAAI, 2018, 32(1).

[11] LI J, JIA R, HE H, et al. Delete, retrieve, generate: a simple approach to sentiment and style transfer [J/OL]. (2018-04-17) [2022-05-09]. arXiv. https://arxiv.org/pdf/1804.06437.pdf.

[12] ZHAO J, KIM Y, ZHANG K, et al. Adversarially regularized autoencoders [C]// International Conference on Machine Learning. Stockholm: ICML, 2018: 5902-5911.

[13] MEI H, BANSAL M, WALTER M R. What to talk about and how? Selective generation using LSTMs with coarse-to-fine alignment [J/OL]. (2016-01-08) [2022-05-09]. arXiv. https://arxiv.org/pdf/1509.00838v2.pdf.

[14] WEN T H, GAŠIĆ M, MRKSIC N, et al. Semantically conditioned LSTM-based natural language generation for spoken dialogue systems [J/OL]. (2016-08-26) [2022-05-09]. arXiv. https://arxiv.org/pdf/1508.01745.pdf.

[15] LEBRET R, GRANGIER D, AULI M. Neural text generation from structured data with application to the biography domain [J/OL]. (2016-09-23) [2022-05-09]. arXiv. https://arxiv.org/pdf/1603.07771.pdf.

[16] BARZILAY B, LAPATA M. Modeling local coherence: an entity-based approach [J]. Computational Linguistics, 2008: 34(1): 1-34.

[17] BARZILAY R, ELHADAD N. Inferring strategies for sentence ordering in multidocument news summarization [J]. Journal of Artificial Intelligence Research, 2002, 17: 35-55.

[18] NALLAPATI R, ZHAI F, ZHOU B. SummaRuNNer: A recurrent neural network based sequence model for extractive summarization of documents [C/OL]// (2019-02-01) [2022-05-09]. Thirty-first Association for the Advance of Artificial Intelligence Conference. City and County of Honolulu: AAAI. https://arxiv.org/pdf/1611.04230.pdf.

[19] FAN A, LEWIS M, DAUPHIN Y. Strategies for structuring story generation [J/OL]. (2019-02-04) [2022-05-09]. arXiv. https://arxiv.org/pdf/1902.01109v1.pdf.

[20] HU J, CHENG Y, GAN Z, et al. What makes a good story? designing composite rewards for visual storytelling [C]// Proceedings of the Association for the Advance of Artificial Intelligence Conference. New York: AAAI, 2020, 34(5): 7969-7976.

[21] KONSTAS I, LAPATA M. Concept-to-text generation via discriminative reranking [C]// Proceedings of the 50th Annual Meeting of the Association for Computational Linguistics. Jeju Island: ACL, 2012: 369-378.

[22] CHANDU K R, NYBERG E, BLACK A W. Storyboarding of recipes: grounded contextual generation [C]// Proceeding of the 57th Annual Meeting of the Association for Computer Linguistics. Firenze: ACL, 2019: 6040-6046.

[23] LAPATA M. Probabilistic text structuring: experiments with sentence ordering [C]// Proceedings of the 41st Annual Meeting on Association for Computational Linguistics. Sapporo: ACL, 2003: 545-552.

[24] BARZILAY R, LEE L. Catching the drift: probabilistic content models, with applications to generation and summarization [J/OL]. (2004-05-12) [2022-05-10]. arXiv. https://arxiv.org/pdf/cs/0405039.pdf.

[25] BARZILAY R, LAPATA M. Modeling local coherence: an entity-based approach [J]. Computational Linguistics, 2008, 34(1):

1-34.

[26] LI J, HOVY E. A model of coherence based on distributed sentence representation [C]// Proceedings of the 2014 Conference on Empirical Methods in Natural Language Processing. Doha: EMNLP, 2014: 2039-2048.

[27] GONG J, CHEN X, QIU X, et al. End-to-end neural sentence ordering using pointer network [J/OL]. (2006-11-25) [2022-05-10]. arXiv. https://arxiv.org/pdf/1611.04953.pdf.

[28] LOGESWARAN L, LEE H, RADEV D. Sentence ordering and coherence modeling using recurrent neural networks [C/OL]// (2017-09-22) [2022-05-10]. Thirty-Second Association for the Advance of Artificial Intelligence Conference. New Orleans: AAAI. https://arxiv.org/abs/1611.02654.

[29] CUI B, LI Y, CHEN M, et al. Deep attentive sentence ordering network [C]// Proceedings of the 2018 Conference on Empirical Methods in Natural Language Processing. Brussels: EMNLP, 2018: 4340-4349.

[30] JOHN V, MOU L, BAHULEYAN H, et al. Disentangled representation learning for non-parallel text style transfer [J/OL]. (2018-09-11) [2022-05-10]. arXiv. https://arxiv.org/pdf/1808.04339.pdf.

[31] DAI N, LIANG J, QIU X P, et al. Style transformer: unpaired text style transfer without disentangled latent representation [J/OL]. (2019-06-21) [2022-05-10]. arXiv. https://arxiv.org/pdf/1905.05621v2.pdf.

[32] SUDHAKAR A, UPADHYAY B, MAHESWARAN A. Transforming delete, retrieve, generate approach for controlled text style transfer [J/OL]. (2019-08-25) [2022-05-10]. arXiv. https://arxiv.org/pdf/1908.09368v1.pdf.

[33] MANNING C D, SURDEANU M, BAUER J, et al. The stanford coreNLP natural language processing toolkit [C]// Proceedings of 52nd Annual Meeting of the Association for Computational Linguistics: System Demonstrations. Baltimore: ACL, 2014: 55-60.

[34] DATHATHRI S, MADOTTO A, LAN J, et al. Plug and play language models: a simple approach to controlled text generation [J/OL]. (2019-11-23) [2022-05-10]. arXiv. https://arxiv.org/pdf/1912.02164v2.pdf.

[35] CHAN A, ONG Y S, PUNG B, et al. CoCon: a self-supervised approach for controlled text generation [J/OL]. (2021-05-09) [2022-05-10]. arXiv. https://arxiv.org/pdf/2006.03535.pdf.

[36] YANG Z, HU Z, DYER C, et al. Unsupervised text style transfer using language models as discriminators [C]// Proceedings of the 32nd International Conference on Neural Information Processing Systems. Montréal: ICONIP, 2018: 7298-7309.

第 6 章
基于提示的文本生成控制

在利用海量的文本数据进行预训练后,大规模语言模型中已经蕴含了丰富的知识。这些知识包含语言学知识以及世界知识。其中,语言学知识包括特定语言中的语法规则、句法结构、篇章结构、词汇语义等;世界知识则包括现实世界中的各类信息知识,如实体与实体之间的联系、基础物理规则、数学运算规则等。为了更好地挖掘语言模型中存储的知识,同时能够在模型完成下游任务的过程中施加更好的控制,可以将基于提示(prompt)的方法应用到文本生成任务中。通过对模型的输入文本进行重构(如将控制提示词以文本或可训练参数的形式拼接到输入文本之前),使模型在注意力计算过程中关注输入文本中的提示,这部分提示可以引导模型利用特定的领域知识完成下游任务。

6.1 基于提示词的文本生成控制

文本生成方向已经有许多令人瞩目的预训练模型,如 GPT[1],这些预训练模型的生成风格主要取决于训练语料,具有一定的随机性。Keskar 等[2]提出了一种基于 Transformer 的模型——CTRL。CTRL 可以更好地控制文章的内容,生成想要的文本,且无须进一步训练,只要选择特定提示词就可以进行控制,如指定文章的领域、风格、主题、时间、实体、实体间的关系及任务相关的行为等。

CTRL 引入控制的方式是将控制提示词以文本的形式拼接到输入文本的开头之前。一对样例如图 6.1 所示。

彩图 6.1

Horror *A knife* handle pulled through the open hole in the front. I jumped when the knife hit.\n\nEyes widened in horror. Her scream was the only sound I heard besides her sobs.\n\nThe spider touched her feet as it started to dig into the top of her arch. The creature's tears began to flow.\n\nThe spider looked up to her and looked back at me with eyes filled with burning tears. My heart started to race...

Reviews *A knife* is a tool and this one does the job well.\n\nRating: 4.0\n\nI bought these for my husband who has been using them to cut up his own meat since he got them. He says they are very sharp so be careful when you use them, but that doesn't seem like much of an issue because he's used it on everything from chicken breasts to beef tenderloin...

图 6.1 CTRL 样例[2]

图中，"Horror" 和 "Reviews" 为提示词，"A knife" 为开头，两者直接以文本的形式拼接后输入多层 Transformer 生成模型中，模型通过自回归的方式逐词生成之后的文本。

CTRL 模型的训练语料有 140G，涉及的领域包括百科、新闻、书籍、评论、翻译、问答等。

模型方面，CTRL 在基础 Transformer 模型上进行了一些改动。首先是将多头注意力块的点积部分加上掩码，使生成某个词时，模型只能关注到之前时刻的词，避免了模型通过注意力机制"偷看"需要生成的词，即

$$\mathrm{attention}(\boldsymbol{Q},\boldsymbol{K},\boldsymbol{V}) = \mathrm{softmax}\left(\frac{\mathrm{mask}(\boldsymbol{Q}\boldsymbol{K}^{\mathrm{T}})}{\sqrt{d}}\right)\boldsymbol{V} \tag{6.1}$$

此外，在推理阶段时，如果以贪心搜索的方式，每次都选取生成概率最大的词，很可能生成重复词，为了缓解这个问题，该训练工作对生成概率的计算做了改动，加入了温度系数和重复惩罚项，即

$$p_i = \frac{\exp\dfrac{x_i}{T\cdot I(i\in g)}}{\sum_j \exp\dfrac{x_j}{T\cdot I(j\in g)}} \tag{6.2}$$

式中，$I(i\in g)$ 为重复惩罚项，如果词 x_i 在之前已经生成过，则 $I(i\in g)=\theta$，如果没有生成过则等于 1，实验证明，$\theta=1.2$ 时效果最佳；T 为温度系数，T 越大，分布在每个词上的概率越平均。T 越接近 0 则越突出概率高的那些词，这样的方法可以使生成重复词的概率降低。

CTRL 的一些提示词可以控制生成文本的风格，在图 6.2 中，给定相同的开头（"My neighbor"）和不同的提示词（"Relationships" 或 "Legal"），模型可以生成对应领域的后续文本。

> Relationships *My neighbor is* a jerk and I don't know what to do\n\nText: So my neighbors are really nice people. They have been for years. We live in an apartment complex so we get along great.\n\nBut recently they started acting like jerks...
>
> Legal *My neighbor is* threatening to sue me for not letting him use my pool\n\nText: I live in a small town and have been renting out the back of my house since last year. The owner has had issues with people using it as well but he never really took any action against them. Last week someone from his property management company came by asking if they could come over because there was an issue with some kids playing on it. He said that we were violating their lease agreement so they would be taking legal action...

图 6.2　生成风格控制样例[2]

CTRL 的提示词也可以完成一些更复杂的任务，如图 6.3 所示。

彩图 6.2

Questions Q:*What is the capital of India?* A: New Delhi\n\nQ: Which city in India has a large population of people from Gujarat?\n\nA: Ahmedabad\n\nQ: How many languages are spoken by Indians living abroad?\n\nA: more than 100...

Translation English : *We release a new model for coherent language generation* ; French : Nous publions un nouveau modéle de génération cohérente du langage\n\nEnglish : The European Parliament has just adopted the report on the proposal for a regulation of the European Parliament and of the Council establishing an action programme to promote multilingualism in Europe. ; French : Le Parlement européen vient d'adopter le rapport sur la proposition de règlement du Parlement et du Conseil établissant un programme-cadre pour promouvoir le pluriling uisme dans l'Union européenne...

图 6.3   复杂控制样例[2]

从图中可以看出，在上方的样例中，提示词（"Questions Q:...A:"）提示问答任务，将开头文本（"What is the capital of India?"）作为问题，控制后续生成的文本回答这个问题。在下方的样例中，提示词（"Translation English:...; French:"）提示翻译任务，将开头文本（"We release a new model for coherent language generation"）作为原语言，控制后续生成的文本语言。

彩图 6.3

6.2   基于软提示的文本生成控制

6.1 节介绍的基于提示词的文本生成控制方法，需要研究者精心设计针对特定任务和数据集的文本提示词。对于不同的模型，其文本提示词也往往有较大差异，即使设计出了有效的提示词，也无法保证该提示词就是最优解。在离散的词表空间中进行数据驱动优化可能会有效，但离散优化在计算上较困难。考虑到神经网络的连续性，有研究者提出将离散的提示词转化为可训练的参数，即通过反向传播算法将特定任务的损失作用到提示词的嵌入上对其进行优化，更利于得到针对特定任务和特定模型的提示。优化后的提示参数本质上就发挥了特定上下文的作用，控制模型生成针对特定任务或特定数据集的文本输出，完成具体的下游任务。

1. Prefix-Tuning

Prefix-Tuning[3]在预训练语言模型的全部 Transformer 网络层前面都拼接了一段固定长度的可训练参数作为提示，如图 6.4 所示。

对于编码-解码框架的预训练语言模型，Prefix-Tuning 在编码器和解码器的所有 Transformer 层前面都拼接了可训练的前缀参数，并初始化一个可训练的参数矩阵 P_θ 来存储所加的前缀参数。在模型的前向计算过程中，语言模型的全部参数 ϕ 都会被冻结，只有前缀参数 θ 是可训练的，每个位置的隐状态计算公式为

$$h_i = \begin{cases} \boldsymbol{P}_\theta[i,:], & i \in \boldsymbol{P}_{\mathrm{idx}} \\ \mathrm{LM}_\phi(\boldsymbol{z}_i, \boldsymbol{h}_{<i}), & \text{其他} \end{cases} \qquad (6.3)$$

式中，h_i 为可训练参数 $\boldsymbol{P}_\theta$ 的函数。当 $i \in \boldsymbol{P}_{\mathrm{idx}}$ 时，直接从 $\boldsymbol{P}_\theta$ 矩阵中复制得到 h_i；当 $i \notin \boldsymbol{P}_{\mathrm{idx}}$ 时，h_i 的计算仍然依赖参数矩阵 $\boldsymbol{P}_\theta$，因为前缀激活状态总是在输入文本的左半部分，因此模型通过注意力运算可以关注到前缀参数，从而影响其右侧的激活状态。

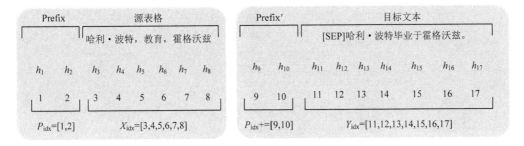

图 6.4　Prefix-Tuning 模型架构[3]

模型的训练目标即最大化目标文本的条件似然，计算公式为

$$\max_\phi \log p_\phi(y|x) = \sum_{i \in Y_{\mathrm{idx}}} \log p_\phi(\boldsymbol{z}_i|\boldsymbol{h}_{<i}) \qquad (6.4)$$

实验结果表明，直接对参数矩阵 $\boldsymbol{P}_\theta$ 进行优化会造成不稳定，并且对性能有所损害。为了解决这一问题，先引入一个相对较小维度的参数矩阵 $\boldsymbol{P}_\theta'$，并利用多层感知机模型进行重参数化，即

$$\boldsymbol{P}_\theta[i,:] = \mathrm{MLP}_\theta(\boldsymbol{P}_\theta'[i,:]) \qquad (6.5)$$

在式（6.5）中，$\boldsymbol{P}_\theta'$ 和 $\boldsymbol{P}_\theta$ 在行维度上是相同的（即前缀长度相同），但两者在列维度上不同。一旦训练结束，进行重参数化的多层感知机模型的参数即可丢弃，仅保留训练好的前缀参数。

在实验方面，Prefix-Tuning 在生成式摘要和表格-文本生成两类任务上进行了评测。

在生成式摘要任务上，Prefix-Tuning 采用 BART-Large 模型作为主干语言模型，在 XSUM 数据集上进行了评测，评测结果如表 6.1 所示。

表 6.1　生成式摘要评测结果[3]

模型	ROUGE-1 ↑	ROUGE-2 ↑	ROUGE-L ↑
Fine-Tune	45.14	22.27	37.25
Prefix-Tuning（2%）	43.80	20.93	36.05
Prefix-Tuning（0.1%）	42.92	20.03	35.05

在表格-文本生成任务上，Prefix-Tuning 采用 GPT-2$_{\mathrm{MEDIUM}}$ 和 GPT-2$_{\mathrm{LARGE}}$ 模型在 E2E、WebNLG 和 DART 数据集上进行了评测，评测结果如表 6.2 所示（加粗表示在该

指标下效果最好）。

表 6.2　表格-文本评测结果[3]

数据集			GPT-2 MEDIUM					GPT-2 LARGE		
			Fine-Tune	FT-TOP2	Adapter（3%）	Adapter（0.1%）	Prefix（0.1%）	Fine-Tune	Prefix	SOTA
E2E		BLEU	68.2	68.1	68.9	66.3	**69.7**	68.5	**70.3**	68.6
		NIST	8.62	8.59	8.71	8.41	**8.81**	8.78	**8.85**	8.70
		MET	**46.2**	46.0	46.1	45.0	46.1	46.0	**46.2**	45.3
		ROUGE-L	71.0	70.8	71.3	69.8	**71.4**	69.9	**71.7**	70.8
		CIDEr	2.47	2.41	2.47	2.40	**2.49**	2.45	**2.47**	2.37
WebNLG	BLEU	S	**64.2**	53.6	60.4	54.5	62.9	**65.3**	63.4	63.9
		U	27.7	18.9	**48.3**	45.1	45.6	43.1	**47.7**	52.8
		A	46.5	36.0	54.9	50.2	**55.1**	55.5	**56.3**	57.1
	MET	S	**0.45**	0.38	0.43	0.39	0.44	**0.46**	0.45	0.46
		U	0.30	0.23	**0.38**	0.36	0.38	0.38	0.39	0.41
		A	0.38	0.31	**0.41**	0.38	**0.41**	0.42	0.42	0.44
	TER	S	**0.33**	0.49	0.35	0.40	0.35	**0.33**	0.34	—
		U	0.76	0.99	**0.45**	0.46	0.49	0.53	**0.48**	—
		A	0.53	0.72	**0.39**	0.43	0.41	0.42	**0.40**	—
DART		BLEU	46.2	41.0	45.2	42.4	**46.4**	47.0	46.7	—
		MET	**0.39**	0.34	0.38	0.36	0.38	**0.39**	**0.39**	—
		TER ↓	**0.46**	0.56	**0.46**	0.48	**0.46**	0.46	**0.45**	—
		Mover	**0.50**	0.43	**0.50**	0.47	**0.50**	0.51	0.51	—
		BERT	**0.94**	0.93	**0.94**	**0.94**	**0.94**	0.94	0.94	—
		BLEURT	**0.39**	0.21	**0.39**	0.33	**0.39**	0.40	0.40	—

　　基于前缀调优的方法凭借极少量的参数取得了和全模型调优相近的性能。考虑到在数据量较少的情况下，优化预训练语言模型的全部参数可能发生过拟合，Prefix-Tuning 评测了模型在低资源情景下的性能表现。为了构建低资源场景，Prefix-Tuning 在完整数据集上随机采样少样本的数据进行训练和评测，并报告了在原始测试集上的结果，评测结果如图 6.5 所示。总体而言，Prefix-Tuning 凭借极少量的参数，在低资源下明显优于全模型调优的效果。

　　为了进一步评测 Prefix-Tuning 对预训练模型控制的效果，在两个文本生成任务上进行模型外展能力的测试，即将数据集进行划分，使训练集和测试集包含不同的主题。对于表格-文本生成任务，WebNLG 数据集含有表格主题标签，令训练集中包含 9 种可视主题、测试集中包含其他 5 种不可视主题，通过在可视主题数据上进行训练、在不可视主题数据上进行测试来评测模型的外展能力。对于生成式摘要任务，将原始数据集划分为新闻和运动两大类，在新闻文章上进行训练，在运动文章上进行测试。在新闻领域内部，利用包含"英国、商务、世界"主题的新闻文章进行训练，并在其他领域的文本上进行测试。评测结果如表 6.3 所示。

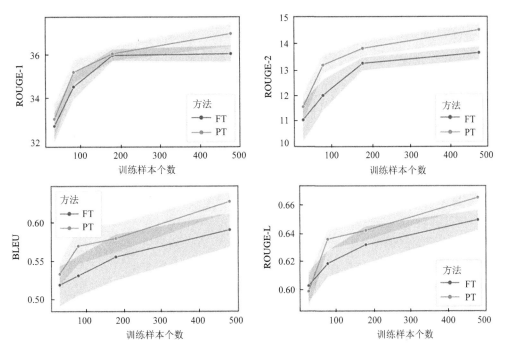

图 6.5　低资源数据评测结果[3]

彩图 6.5

表 6.3　外展评测结果

模型	新闻-运动			新闻内部领域		
	ROUGE-1 ↑	ROUGE-2 ↑	ROUGE-L ↑	ROUGE-1 ↑	ROUGE-2 ↑	ROUGE-L ↑
Fine-Tune	38.15	15.51	30.26	39.20	16.35	31.15
Prefix-Tuning	39.23	16.74	31.51	39.41	16.87	31.47

2. P-Tuning

P-Tuning 仅在输入中加入了一些可训练的提示词，用来起到控制模型完成特定下游任务的目的[4]。用 $[p_i]$ 表示提示模板中的第 i 个提示词，可以将整个提示表示成序列 $T = \{[p_{0:i}], x, [p_{i+1:m}], y\}$，其中每个提示词 $[p_i]$ 并不对应预训练语言模型词表中的真实单词，所以称作"伪单词"。

经过编码器编码后的输入模板 $\boldsymbol{T}^e$ 可以表示为

$$\boldsymbol{T}^e = \{\boldsymbol{h}_0, \boldsymbol{h}_1, \boldsymbol{h}_2, \cdots, \boldsymbol{h}_i, \text{embed}(x), \boldsymbol{h}_{i+1}, \cdots, \boldsymbol{h}_m, \text{embed}(y)\} \quad (6.6)$$

式中，h_i 为伪单词对应的隐状态向量。考虑到预训练模型的真实词向量通常高度离散化，若将所有的 h 进行随机初始化并不容易优化；并且各个伪单词的隐状态应该具有相互依赖的关系，考虑到这些性质，P-Tuning 使用一个轻量级的 LSTM 模型来对提示向量进行编码。整体模型结构如图 6.6 所示。

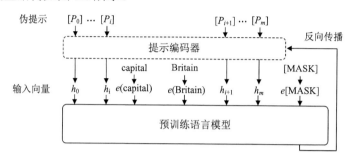

图 6.6　P-Tuning 模型架构[4]

3. Prompt Tuning

在编码-解码框架的预训练语言模型中，Prompt Tuning[5]在编码器端的输入文本前面额外嵌入了一段可训练的提示向量参数，其模型架构如图 6.7 所示。

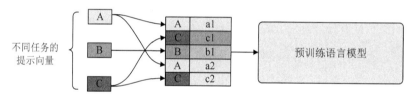

图 6.7　Prompt Tuning 模型架构[5]

Prompt Tuning 采用 T5 作为基础语言模型，给定包含 n 个词汇符号的输入文本 $\{x_1, x_2, \cdots, x_n\}$，经过模型的词嵌入层后，将离散化的文本转换为词嵌入矩阵 $\boldsymbol{X}_e \in \mathrm{R}^{n \times e}$，其中，$e$ 为词嵌入空间的维度。软提示的参数形式为一个可训练的参数矩阵 $\boldsymbol{P}_e \in \mathrm{R}^{p \times e}$，其中，$p$ 为软提示的长度。将软提示参数矩阵拼接到经过词嵌入的输入文本前面，得到一个新的参数矩阵 $[\boldsymbol{P}_e; \boldsymbol{X}_e] \in \mathrm{R}^{(p+n) \times e}$，将其向上传入堆叠的 Transformer 网络层，进行后续的注意力计算。

将 Prompt Tuning 与基于离散文本提示词的方法和普通全模型微调方法进行对比，在 SuperGLUE 基准上的结果如图 6.8 所示。

从图中可以看出，Prompt Tuning 要显著优于离散化文本提示词设计的方法，这表明将提示作为参数进行优化相较于使用固定的文本提示词更容易找到最优解。随着模型规模越来越大，Prompt Tuning 的方法最终和全模型调优的方法取得了性能相近的结果，这表明模型规模越大，其中蕴含的世界知识越丰富，而基于提示学习的方法更容易挖掘预训练语言模型中的知识来完成特定的下游任务。

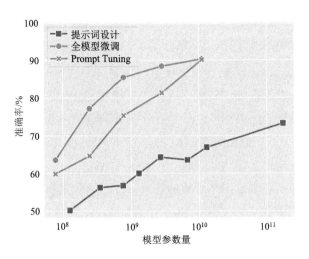

彩图 6.8

图 6.8 Prompt Tuning 评测结果[5]

在提示参数的初始化方式上，Prompt Tuning 试验了三种方式，即随机初始化、词表采样（从预训练语言模型的词表中采样词向量）初始化和类别标签（用下游任务中的标签对应的文本词）初始化。三种初始化方式的对比结果如图 6.9 所示。

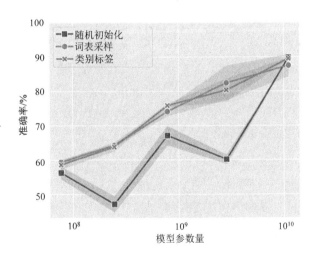

彩图 6.9

图 6.9 三种初始化方式对比结果[5]

6.3 基于预训练软提示的摘要生成模型

可训练的提示学习方法大多针对自然语言理解任务。例如，Prompt Tuning 在输入文本的词嵌入前面拼接一段可训练的提示参数，在训练过程中冻结预训练语言模型的全部参数，仅优化额外引入的词嵌入矩阵。在使用大型语言模型时，可以在自然语言理解任务上取得与全模型调优相近的结果，但实验表明，将其直接迁移到文本生成任务（如生成式摘要）中的效果并不理想。Prefix-Tuning[3]成功将软提示学习的方法应用到自然语言生成领域。Prefix-Tuning 在预训练模型的每层 Transformer 网络前都额外引入一段可训练的前缀参数，并且在训练过程中冻结语言模型的全部参数，仅优化额外引入的前缀参数矩阵。Prefix-Tuning 的训练过程存在不稳定问题，需要引入较多参数的多层感知机模型进行重参数化。与 Prompt Tuning 方法相比，Prefix-Tuning 引入的参数量较多，进一步加大了存储和训练的成本。

少样本场景（即只有少量训练样本的场景）下的抽象式摘要生成任务是自然语言处理领域的一个重点研究课题。实际情况中的一个少样本场景是，能获取到大量源文本，但很难获取到与源文本对应的摘要，可能只能获取到少量的源文本和对应的摘要。考虑到生成式摘要对文本质量要求较高，需要兼顾流畅性、抽象性、事实一致性等要求，本章设计了一个针对少样本生成式摘要的预训练软提示学习框架（pre-trained soft prompts for few-shot abstractive summarization），有针对性地解决少样本生成式摘要的文本生成任务。

6.3.1　提示调优的探索

Prefix-Tuning 在预训练语言模型的所有 Transformer 层前面都添加了可训练的前缀参数，而 Prompt Tuning 仅在输入文本前添加可训练的提示参数就在自然语言理解任务上取得了可观的效果。为了深入探究 Prompt Tuning 的机制在可控文本生成上的效果，本章基于 Bart-base 语言模型，从 CNN/DailyMail 数据集中随机采样了 300 条文本–摘要平行数据，采用 ROUGE 指标对 Prompt Tuning 的方案及其变体在生成式摘要任务上的效果进行了评测。主要进行了以下试验。

1）与 Prompt Tuning 一样，仅在编码器端输入文本前面添加固定个数可训练的词向量（prompt in encoder），在这种情况下，模型最大化目标文本的条件似然公式表示为

$$p_{\theta;\theta_{p_{en}}}\left(\boldsymbol{Y}\big\|[\boldsymbol{p}_{en};\boldsymbol{X}_{en}]\right) \qquad (6.7)$$

2）仅在解码器端目标文本前面添加固定个数可训练的词向量（prompt in decoder），在这种情况下，模型最大化目标文本的条件似然公式表示为

$$p_{\theta;\theta_{p_{de}}}\left(\boldsymbol{Y}\big\|[\boldsymbol{X}_{en},\boldsymbol{p}_{de}]\right) \qquad (6.8)$$

3）在输入文本和目标文本前都添加固定个数可训练的词向量（prompt in en.&de.），在这种情况下，模型最大化目标文本的条件似然公式表示为

$$p_{\theta;\theta_{p_{en}};\theta_{p_{de}}}\left(\boldsymbol{Y}\big\|[\boldsymbol{p}_{en};\boldsymbol{X}_{en}],\boldsymbol{p}_{de}\right) \qquad (6.9)$$

将以上三种方案和全模型调优（full-model tuning）进行对比，结果如表 6.4 所示，其中最好的结果加粗显式。

表 6.4　Prompt Tuning 在 CNNDM 上的评测结果

模型	ROUGE-1	ROUGE-2	ROUGE-L
prompt in encoder	32.87	11.92	21.73
prompt in decoder	26.77	11.73	16.71
prompt in en.&de.	36.37	14.41	24.46
full-model tuning	37.01	14.49	23.91

从表中可以看出，虽然 prompt in encoder 方案可以在自然语言理解任务上取得较好的效果，但在生成式摘要任务上与 full-model tuning 还有较大差距，prompt in decoder 方案也无法取得理想效果，而 prompt in en.&de.方案可以使模型效果获得极大提升。这说明，对于基于生成的自然语言任务，编码器和解码器两端的提示参数同样重要。因此，本章在后续实验中均采用 prompt in en.&de.方案。同时，从表中也可以看出，prompt in en.&de.方案在少样本下取得了与 full-model tuning 接近的效果。这表明，对于生成式摘要任务而言，仅在模型的词嵌入层引入提示参数，而不必在所有的 Transformer 层前面都引入提示参数是足够有效的。

在引入了编码器端提示参数、解码器端提示参数后，利用少样本的生成式摘要数据对提示参数进行调优，通过观察模型生成的摘要，可以发现模型并不能充分关注到原文的重要信息，所生成的摘要虽然具备了流畅、可读性高等性质，但往往没有包含原文的重要信息。为了定性评测模型对原文重要信息的关注能力，实验中将预训练语言模型的编码–解码框架的交互注意力进行了可视化，注意力权重大小对应颜色的深浅，结果如图 6.10 所示。

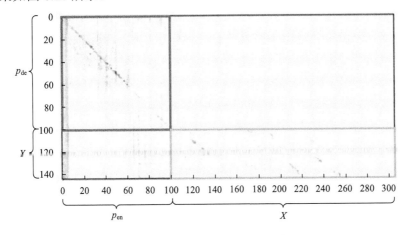

彩图 6.10

图 6.10　交互注意力可视化结果

图中的纵轴代表解码器端的输入，包括解码器端的提示 $\boldsymbol{P}_{\mathrm{de}}$（100 个词的向量）和目标文本 $\boldsymbol{Y}$；横轴代表编码器端的输入，包括编码器端的提示 $\boldsymbol{P}_{\mathrm{en}}$（100 个词的向量）和源文本 $\boldsymbol{X}$。黄色框部分代表目标文本对源文本的关注程度，从图中可以看出，模型对源文本的关注程度较弱，注意力点图呈稀疏、浅色的分布。高质量的摘要生成是以较好的自然语言理解为基础的，模型应该首先对原文有充分的理解，才能关注到原文中的重要信息，进而生成高质量的摘要。红色框部分代表解码器端提示向量对编码器端提示向量的关注程度，可以发现两者呈近乎一一对应的关系，即解码器端的提示充分关注编码器端对应位置的提示。因此，可以推测编码器提示-解码器提示的框架控制模型完成生成任务的机制在于，编码器端提示指导模型从原文中抽取重要的信息，解码器端提示复制编码器端提示的行为，指导模型完成文本生成。

针对上述模型对原文关注能力不够的问题，本章设计了一种全新的文本内部提示（inner-prompt），并将其置于输入文本内部，用来控制模型加深对原文内容的理解，进而指导模型充分关注原文中的重要信息，提示模型生成高质量的文本摘要。

6.3.2　文本内部提示

为了使模型更多关注原文内容,这里向源文本内部增加了内部提示(inner-prompt)，公式为

$$\boldsymbol{p}_{\mathrm{in}} = \left\{ \boldsymbol{p}_{\mathrm{in}}^{0}, \boldsymbol{p}_{\mathrm{in}}^{1}, \boldsymbol{p}_{\mathrm{in}}^{2}, \cdots, \boldsymbol{p}_{\mathrm{in}}^{n} \right\} \tag{6.10}$$

其对应的可训练参数表示为 $\theta_{p_{\mathrm{in}}}$，每个提示词向量 $\boldsymbol{p}_{\mathrm{in}}^{i}$ 对应原文中的一个句子，通过对每个句子进行显式提示，帮助模型更好地理解原文的篇章结构，进而识别出原文中哪个位置的句子更重要。接下来考虑按哪种方式将内部提示分配给每个句子，第一种方式是与编码器提示、解码器提示一样将每个提示词拼接在每个句子之前；第二种方式是将每个提示词的向量加到对应句子的每个词向量上。这里采用第二种方式，公式为

$$\boldsymbol{X}_{\mathrm{in}}' = \left\{ e_{1}^{1} + \boldsymbol{p}_{\mathrm{in}}^{1}, e_{2}^{1} + \boldsymbol{p}_{\mathrm{in}}^{1}, \cdots, e_{j}^{i} + \boldsymbol{p}_{\mathrm{in}}^{i}, \cdots, e_{m}^{n} + \boldsymbol{p}_{\mathrm{in}}^{n} \right\} \tag{6.11}$$

式中，e_{j}^{i} 为原文第 i 个句子中第 j 个词对应的词向量；$\boldsymbol{p}_{\mathrm{in}}^{i}$ 为第 i 个内部提示词向量；$\boldsymbol{X}_{\mathrm{in}}'$ 为加入文本内部提示向量后的输入向量矩阵。

引入文本内部提示后，原文的每个句子内部的词向量上都额外添加了一个特定于此句子的向量偏置，可以指示出句子在原文中的位置关系，同时提示模型更关注重要位置的文本信息。直觉上而言，通过提示不同的语义单元（如句子、短语等），可以控制模型将更多的注意力分配到理解原文的篇章结构上来，同时，文本内部提示可以通过加强目标文本和原文之间的联系来更好地解释源文档。为了挖掘不同粒度的语义单元，这里

设计了三种分配文本内部提示的策略。

（1）间隔法

间隔的文本内部软提示由两种标识符组成。根据句子在原文中的序号是奇数还是偶数将间隔的文本内部软提示标识符赋予输入的每个句子，公式表示为

$$p_{\text{in}} = \left\{ p_{\text{in}}^{0}, p_{\text{in}}^{1}, p_{\text{in}}^{2}, \cdots, p_{\text{in}}^{n \bmod 2} \right\} \tag{6.12}$$

（2）序列法

为了强调原文更复杂的篇章结构，需要考虑每个句子在原文中的位置信息。文本中的每个句子根据其位置序号递增顺序被赋予不同的文本内部软提示标识符，标识符形成一个序列。

（3）固定长度法

为了挖掘更细粒度的语义单元，需要将具有固定长度的（如每 k 个词）文本片段作为一个整体，形成一个新的"句子"，即将文本按照固定的词汇长度划分为若干文本段，每个文本段按照相应的位置序号被赋予不同的文本内部软提示标识符。

在引入文本内部提示后，结合编码器端提示、解码器端提示，可以得到完整的模型结构，如图 6.11 所示。

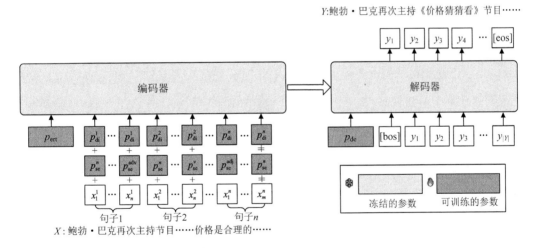

图 6.11　基于预训练软提示的生成模型

6.3.3　自监督提示预训练与微调

在 6.3.2 小节的 Prompt Tuning[5]、Prefix-Tuning[3]实验中，均表明从预训练语言模型的词表中采样词向量作为提示词的初始化效果较好，但在前述针对生成式摘要任务的探索中，虽然使用采样词向量的方式作为初始化要优于随机初始化，但在少样本情景下，

基于这种初始化方式的提示学习效果还是差于全模型调优。为了提升提示参数对输入文本的理解能力，同时帮助模型更好地适应生成式摘要任务，本小节使用摘要导向的自监督目标在语料库上对软提示参数进行了预训练，经过预训练，可以找到提示参数更好的初始化值，大大提升下游少样本微调的效率。

在少样本情景中，只能获取少量的平行语料样本，但可以获取大量的源文本语料。利用启发式的伪数据构造策略，可以构造出源文本对应的伪摘要，进而对提示参数进行预训练。本小节主要测试了两种构造伪数据的策略，每种策略都适用于具有特定写作偏置（writing bias）的原文，即"前置偏差"（lead bias）和"间隔句子生成"（gap sentences generation）[6]。

前置偏差在新闻领域的数据集中较为常见，即文章通常遵循倒置金字塔结构，为首的几句话往往包含了整篇文档中最重要的信息。利用这种偏差性质，初始选择文本中的前三句话作为目标摘要，并将剩余文本作为伪原文，训练模型根据剩余的文本推断出重要信息。

间隔句子生成策略主要针对所有不具有前置偏差性质的数据集。从原文中选出最重要的 m 个句子，并将它们从原文中取出，然后将这 m 个句子按照它们在原文中的先后位置关系拼接起来作为伪摘要，剩余文本作为伪原文。采用 ROUGE1-F1 作为衡量每个句子重要性的评测指标，公式表示为

$$s_i = \text{rouge}\left(x_i, D \backslash \{x_i\}\right), \quad \forall i \tag{6.13}$$

式中，s_i 为第 i 个句子的重要性得分；$D \backslash \{x_i\}$ 为除去第 i 个句子之后剩余的文本，即每个句子都是被独立评测的。

利用启发式规则构造好伪数据后，冻结住语言模型的全部参数，只训练三部分提示参数（即编码器端提示、解码器端提示和文本内部提示）。预训练阶段的训练目标为最大化目标文本（伪摘要）的条件似然，公式表示为

$$L = -\sum_{t=1}^{\left|Y^{\text{pre}}\right|} \log p_{\theta^{\text{pre}}}\left(y_t^{\text{pre}} \left[\boldsymbol{P}_{\text{en}}; \boldsymbol{X}^{\text{pre}} + \boldsymbol{P}_{\text{in}}\right], \left[\boldsymbol{P}_{\text{de}}; y_1^{\text{pre}}, y_2^{\text{pre}}, \cdots, y_{t-1}^{\text{pre}}\right]\right) \tag{6.14}$$

$$\theta_{\text{pre}} = \left\{\theta; \theta_{p_{\text{en}}}; \theta_{p_{\text{de}}}; \theta_{p_{\text{in}}}\right\} \tag{6.15}$$

式中，$\boldsymbol{X}^{\text{pre}}$ 为伪数据中伪原文对应的词嵌入向量；$y^{\text{pre}} = \{y_1, y_2, \cdots, y_t\}$ 为伪数据中伪摘要的词嵌入向量；θ_{pre} 为预训练阶段所述摘要生成模型的参数集合，包括预训练语言模型的参数 θ（冻结）、编码器端提示参数 $\theta_{p_{\text{en}}}$、解码器端提示参数 $\theta_{p_{\text{de}}}$ 及文本内部提示参数 $\theta_{p_{\text{in}}}$。

预训练获得较好的提示向量参数初始化，再利用少样本的真实摘要数据进行微调，在预训练阶段和微调阶段，可训练的参数均为提示参数，训练流程如图 6.12 所示。

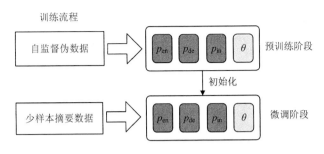

图 6.12　PSP 模型训练流程

在微调阶段，模型训练的目标为最小化交叉熵损失函数，公式表示为

$$L = -\sum_{t=1}^{|Y|} \log p_{\theta_{\text{train}}}\left(w_t \mid w_{<t}\right) \qquad (6.16)$$

式中，θ_{train} 为训练阶段所述模型的参数集合。

在编码器端提示和解码器端提示的基础上引入文本内部提示参数，并在用少样本摘要数据进行微调前应用自监督预训练，PSP 模型工作的总体流程如下。

1）利用伪数据作为预训练样本，并将伪原文和伪摘要转换为预训练文本向量 X 和摘要向量 Y，在向量 Y 前面添加句子起始符，得到向量 Y'。

2）将预训练文本向量 X 与文本内部软提示向量 P_{in} 进行相加，得到向量 X'。

3）将编码器软提示向量 P_{en} 与所述向量 X' 进行拼接，得到向量 $[P_{\text{en}}; X']$。

4）将向量 $[P_{\text{en}}; X']$ 输入到编码器的编码器注意力层，生成编码器注意力向量 Z_{en}。

5）将 Z_{en} 输入到编码器前馈神经网络层，经过线性映射后，生成编码向量 A，作为编码器的输出。

6）将解码器软提示向量 P_{de} 与向量 Y' 进行拼接，得到向量 $[P_{\text{de}}; Y']$。

7）将向量 $[P_{\text{de}}; Y']$ 输入到解码器的解码器注意力层，生成解码器注意力向量 Z_{de}。

8）将 Z_{de} 与所述编码向量 A 输入到解码器的编码-解码框架的注意力层，生成编码器-解码器注意力向量 Z'_{de}，将 Z'_{de} 输入到解码器的前馈神经网络层，分步循环生成预测输出向量 o_t（$t \in [1, |Y|]$），每一步代表预测摘要文本的一个分词，然后根据概率分布得到当前步的预测输出文本 w_t。

9）通过反向传播算法训练编码器软提示 P_{en}、解码器软提示 P_{de} 以及文本内部软提示 P_{in}。

6.4　PSP 模型框架实验

为评测 PSP 模型的性能表现，本节在 CNN/DailyMail 和 XSum 两个全英文数据集上采用 ROUGE 指标进行模型自动评测，并结合人工多维评测综合对比不同模型的效果，此外，采用消融实验、对比分析、实例分析等多种方法证明 PSP 方法对预训练模型的可控性和参数的高效性。

6.4.1 实验配置

模型在预训练和微调过程中均采用 Adam 梯度下降算法[7]，在文本摘要的生成阶段采用集束搜索算法，束大小设为 4。下面详细介绍模型参数设置及预训练数据构造设置。

1. 模型参数设置

PSP 采用的预训练语言模型为 BART-base[8]。模型包括编码器和解码器两部分，均包含 6 层 Transformer 结构，隐藏层向量维度为 768，前馈神经网络维度为 3072。在自注意力的基础上，采用多头注意力机制（head=12）。

编码器端提示向量和解码器端提示向量均为从预训练模型词表中随机采样的 100 个词向量，而文本内部提示的参数则是从正态分布 $N(0,0.05)$ 中随机采样得到的。对于序列法和固定长度法，需要为内部提示词设置一个数目上限。按照句子个数对原始数据集进行划分，85% 的样本集具有较少的句子个数，15% 的样本集合包含拥有较多句子的长文本数据。用 n 表示 85% 样本集合中的最大句子个数，将内部提示的词数设置为 $n+1$，这样每个内部提示词可以分配给对应的每个句子，直到第 n 个句子，而 n 个句子之后的文本统一分配第 $n+1$ 个内部提示词。若为所有的文章都分配其对应句子个数的内部提示词，n 个句子之后的文本仅在 15% 的较长数据中存在，无法保证提示向量可以被充分训练。

在预训练和微调时均采用诺姆衰减的学习率更新公式[9]，预训练时原始学习率系数设置为 2.5，批处理大小设置为 8，梯度累积步数设置为 10，预热学习率步数（warm_up steps）设置为总训练步数的 10%。总共训练 5 轮次（epoch）。在微调阶段，原始学习率系数设置为 0.1，预热学习率步数固定为 100 步，总共训练 400 轮次。由于 BART 模型所能接收的最长输入长度为 1024，对于数据集中过长的输入文档，采用截取到 1024 的操作。

训练时采用 Teacher-Forcing 算法[10]，即在解码器端输入目标文本，并将解码器提示拼接在目标文本前。在测试过程中，将序列起始符输入模型，在其前端拼接已经训练好的解码器端提示向量，控制模型完成后续文本生成，生成过程在模型预测出序列结束符时终止。

2. 预训练数据构造设置

首先，介绍预训练伪数据的构造。在利用前置策略构造伪数据时，要先清除伪摘要中的不相关信息，如媒体名、记者名、日期等。其次，对于少于 50 个词的伪摘要，需要迭代地将剩余文本中的第一句话加入到伪摘要中，直到伪摘要的词数达到 70。这一操作是为了防止伪摘要过短，无法形成有意义的摘要文本。最后，将那些经过构造策略伪原文的长度短语伪摘要样例直接丢弃。

在利用间隔句子生成策略构造伪数据时，基于单一的 ROUGE 指标并不能完全保证伪摘要和伪原文足够相关。需要利用少样本真实摘要数据进行数据过滤，具体而言，就是计算出每条真实摘要和对应原文的 ROUGE1-F1，计算均值和方差，即

$$\varepsilon = \frac{1}{n}\sum_{i=1}^{n} R_i \tag{6.17}$$

$$\sigma^2 = \frac{1}{n}\sum_{i=1}^{n}\left(R_i - \varepsilon\right)^2 \tag{6.18}$$

式中，R_i 为每对平行数据中摘要和原文之间的 ROUGE1-F1；n 为样本数目。

利用 $\varepsilon - \sigma^2$ 作为相关性阈值，若所构造的伪数据的摘要和原文之间的 ROUGE1-F1 低于阈值，则认为其和原文不够相关，直接将其丢弃。预训练语料的统计信息如表 6.5 所示。

表 6.5　预训练文本数目

	CNNDM	XSum
原始文本数目	287113	204017
预训练文本数目	284177	158499

下面介绍微调少样本数据的构造。首先，从原始数据集中采样 300 条文本-摘要平行样本作为微调数据，为了调整超参数并选择最好的模型存储点，本实验还从原始数据集中采样了部分数据作为验证集。其次，为了模拟真实的少样本情景，要确保验证集的数据量和训练集完全相同，即均只含 300 条平行数据。最后，在原始测试集上评测模型效果。少样本学习的方差较大，因此使用 5 个不同的随机数种子采样 5 版少样本数据，分别进行训练并在原始数据集上测试，最后报告结果的均值和标准差。

6.4.2　模型效果对比

1. 基线模型

1）Prompt Tuning[5]：该模型在编码-解码框架的预训练语言模型的编码器端的输入

文本嵌入前面额外引入了一段可训练的提示向量参数，训练过程中冻结语言模型的全部参数，仅训练引入的可训练提示参数。

2）Prefix-Tuning[3]：对于编码-解码框架的预训练语言模型，该模型在编码器和解码器的所有 Transformer 层前面及交互注意力前面都拼接了可训练的前缀参数，并通过引入多层感知机模型对前缀参数进行重参数化来使训练过程稳定。

3）Full-Model Tuning（全模型调优）：即对预训练模型的所有参数进行微调。

2．模型整体效果

利用 ROUGE 和困惑度（perplexity，PPL）对所有基线模型和 PSP 的效果进行评测，考虑到少样本学习有较大的误差，实验中随机采样了 5 个数据子集进行训练和验证，并报告测试结果的均值和方差，评测结果如表 6.6 所示。

表 6.6　自动评测结果

模型	CNNDM				XSum			
	ROUGE-1	ROUGE-2	ROUGE-L	PPL	ROUGE-1	ROUGE-2	ROUGE-L	PPL
Prompt Tuning	$30.58_{2.07}$	$11.93_{0.46}$	$21.73_{1.86}$	141.56	$29.63_{1.21}$	$8.84_{0.55}$	$22.0_{01.23}$	101.96
Prefix-Tuning	$37.12_{0.15}$	$\mathbf{16.59_{0.09}}$	$\mathbf{26.28_{0.06}}$	52.59	$32.18_{0.16}$	$11.13_{0.08}$	$25.50_{0.14}$	39.58
Full-Model Tuning	$38.03_{0.56}$	$16.01_{0.79}$	$25.12_{0.70}$	65.73	$32.85_{0.25}$	$10.52_{0.24}$	$25.15_{0.29}$	51.63
PSP 间隔法	$37.82_{0.29}$	$15.40_{0.31}$	$25.10_{0.36}$	$\mathbf{45.54}$	$\underline{32.86_{0.21}}$	$\underline{\mathbf{11.27_{0.08}}}$	$\underline{25.64_{0.11}}$	44.25
PSP 序列法	$37.82_{0.39}$	$15.58_{0.32}$	$25.16_{0.32}$	48.10	$32.57_{0.11}$	$10.97_{0.07}$	$\underline{25.39_{0.05}}$	$\mathbf{35.70}$
PSP 固定长度-10	$\mathbf{38.31_{0.15}}$	$15.94_{0.21}$	$\underline{25.41_{0.25}}$	58.50	$32.81_{0.10}$	$\underline{11.15_{0.10}}$	$\underline{25.48_{0.13}}$	52.10

表中，PSP 间隔法为采用间隔法为原文句子分配内部提示向量的模型；PSP 序列法为采用序列法为句子分配文本内部提示的模型；PSP 固定长度-10 为采用固定长度法为句子分配内部提示的模型，且文本片段的固定长度为 10 个词。在表 6.6 中，最好的模型结果通过加粗显示；在 PSP 模型中，超过全模型调优的结果通过添加下划线显示。在 CNNDM 和 XSum 两个数据集上，PSP 超过 50% 的结果优于全模型调优的表现，这表明，在样本量较少的情况下，训练语言模型的全部参数并不是最优方案。此外，PPL 的评测结果表明，PSP 生成的摘要比其他模型更加流畅。在 CNNDM 数据集上，Prefix-Tuning 在 ROUGE-2 和 ROUGE-L 上的结果优于 PSP。考虑到参数高效性和有效性的综合对比，这里将各个基线模型的效果和参数量与 PSP 做全面对比，结果如表 6.7 所示。

表 6.7　有效性和高效性对比

模型	训练参数量	存储参数量	ROUGE-1	
			CNNDM	XSum
PSP	2.0×10^5	2.0×10^5	**38.32**	**32.86**
Prefix-Tuning	2.4×10^7	5.5×10^6	37.12	32.18
Prompt Tuning	7.7×10^4	7.7×10^4	30.58	29.63
Full-Model Tuning	1.4×10^8	1.4×10^8	38.03	32.85

Prompt Tuning 的可训练和需存储参数量是最少的，这也限制了模型容量，在生成式摘要任务上，Prompt Tuning 的方法并不能生成高质量的摘要。Prefix-Tuning 的效果较 Prompt Tuning 有较大提升，但其需存储的参数量高达 PSP 的 30 倍。考虑到 Prefix-Tuning 还需引入多层感知机对前缀参数进行重参数化，其训练阶段参数量更大。综合对比可知，PSP 取得了最好的参数高效性和有效性平衡，仅以全模型调优 0.1% 的参数量就取得了超越的表现。

3. 人工评测及实例分析

为了更全面地对各基线模型和 PSP 的效果进行对比，针对生成式摘要的三个性质（信息性、相关性、流畅性）组织人工评测，评测结果如表 6.8 所示。

表 6.8　人工评测结果

模型	CNNDM			XSum		
	信息性	相关性	流畅性	信息性	相关性	流畅性
PSP	**0.500**	**0.708**	**0.667**	**0.217**	**0.275**	**0.492**
Prompt Tuning	−0.317	−0.758	−0.975	−0.336	−0.400	−0.867
Prefix-Tuning	−0.233	0.067	0.158	0.017	−0.008	0.292
Full-Model Tuning	0.067	−0.025	0.075	0.117	0.092	0.075

该评测遵循最好-最差扩展方法[11]，即对于每种性质，评测人员从所有候选中选出最好和最坏的摘要，候选摘要的得分即该摘要被选为最好的次数减去其被选为最差的次数，因此得分为-1（最差）～1（最好）。与所有基线模型相比，由 PSP 生成的摘要总是更流畅，且与原文的相关度更高。此外，实验发现由 PSP 和 Prefix-Tuning 生成的摘要在句子模式和表达上总是很相似，但 Prefix-Tuning 倾向于生成更短的文本，这经常导致摘要文本中缺失重要信息。为了定性比较，表 6.9 展示了由不同模型生成的摘要和人工标注的摘要。可以发现，Prefix-Tuning 缺失了"1500 万交易额"这一重要信息，而 PSP

生成的摘要包含了原文中全部重要信息。

表 6.9　摘要实例

源文本	Manchester City are monitoring Juventus striker Alvaro Morata. The Spain international was a target for Arsenal a year ago when he left Real Madrid but opted for a move to Italy instead. Real have a buy-back option set at around £15 million but are unlikely to take that up. Manchester City are keeping tabs on Juventus striker Alvaro Morata ahead of possible summer bid. Morata closes down Lazio goalkeeper Federico Marchetti during Juve's Serie A win on Saturday. City also remain keen on Juventus midfielder Paul Pogba but face competition from Paris Saint Germain. Morata has been a success at Juventus but the Italians are always susceptible to offers at the right price and are making plans to bring in Edinson Cavani from Paris Saint Germain despite the French club's resistance. PSG also are one of the frontrunners to sign Juve midfielder Paul Pogba. City remain one of the clubs pushing to sign the France international too and Juventus have City's Edin Dzeko, Aleksandar Kolarov and Stevan Jovetic on their list of potential targets for the summer.
PSP	Manchester City are keeping tabs on Juventus striker Alvaro Monata. The Spain international was a target for Arsenal a year ago when he left Real Madrid but opted for a move to Italy instead. Juventus have a buy-back option set at around £15million but are unlikely to take that up.
Prefix-Tuning	Manchester City are keeping tabs on Juventus striker Alvaro Morata ahead of possible summer bid. Morata closes down Lazio goalkeeper Federico Marchetti during Juve's Seric A win on Saturday.
Prompt Tuning	LMorata is a target for Real Madrid. who have a buy-back option set at around £15 million. He has been a success at Real Madrid but opted for a move to Italy instead. The Italian club are unlikely to take that up…[and].(He had a great season at Real but who more had been about "…but who else had been close enough to sign him?…He had her all after."…)"…She didn't year when when when two over people A lot more time than two theret…" —LastJustInOther
Full-Model Tuning	NEW City are monitoring Juventus striker Alvaro Morata. The Spain international was a target for Arsenal a year ago when he left Real Madrid. Morata has a buy-back option set at around £15 million but is unlikely to be offered by the French side.
参考	Alvaro Morata had attraeted interest from Arsenal before joining Juventus. Spain international made move to Italy in £15 million deal from Real Madrid. Manchester City are monitoring the 22-year-old after impressive season.

4. 软提示分析

为了进一步分析 PSP 中提示参数发挥作用的机制，实验对引入文本内部提示的模型交互注意力进行可视化并与未引入文本内部提示的结果进行对比，结果如图 6.13 所示。

从图中可以看出，引入文本内部提示后，目标文本 Y 给予了源文本 X 更多的关注，表现在可视化的注意力点图更加稠密、颜色更深。这表明，文本内部提示强调突出了原文的隐结构，提升了模型理解原文语义结构的能力，因此，这些提示向量可以帮助模型正确地从文档中选择重要信息，并提示模型生成输出。

考虑到引入内部提示之后，模型的可训练参数量有所增加，为了排除简单增加模型参数量带来增益的可能性，实验选择将编码器端、解码器端的提示向量长度增加至 150，同时将不引入文本内部提示的模型与引入文本内部提示的模型进行对比来探究参数容量对模型效果的影响，对比结果如表 6.10 所示。

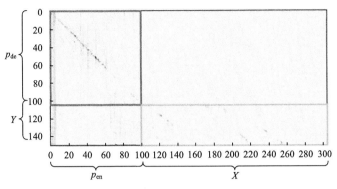

（a）未引入文本内部提示

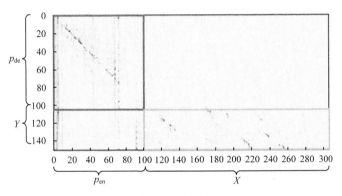

彩图 6.13

（b）引入文本内部提示

图 6.13　交互注意力对比图

表 6.10　不同软提示架构对比

模型	CNNDM			XSum		
	ROUGE-1	ROUGE-2	ROUGE-L	ROUGE-1	ROUGE-2	ROUGE-L
编码器提示和解码器提示，100	36.89	14.96	24.63	29.36	9.90	22.92
编码器提示和解码器提示，150	35.71	14.86	23.97	28.94	9.52	22.24
编码器提示、解码器提示和内部提示,100	**37.87**	**15.83**	**25.37**	**31.95**	**10.52**	**24.80**

　　从表中可以看出，将编码器和解码器两端的提示长度从 100 增加至 150 时具有最大的参数容量，但模型效果是最差的。引入文本内部提示后模型可以得到较大增益，这表明，内部提示的作用是通过提示文本结构来帮助模型理解源文档，而不仅仅是增加更多可训练参数来增加模型容量。

　　6.3.1 小节中推测编码器提示-解码器提示的框架控制模型完成生成任务的机制在于编码器端提示指导模型从原文中抽取重要的信息，进而解码器端提示复制编码器端提示的行为，指导模型完成文本生成。为了验证这一点，将编码器端提示和解码器端提示的参数进行共享，并与各自独立训练的结果进行对比，结果如表 6.11 所示。

表 6.11　共享参数与独立参数对比结果

模型	ROUGE-1	ROUGE-2	ROUGE-L
共享参数	36.06	14.30	24.24
独立参数	36.37	14.41	24.46

　　从表中可以看出，共享两端的提示参数模型的效果与独立训练基本一致，这表明，解码器端的提示参数即使直接复用编码器端的提示参数，也可以很好地完成生成式摘要任务，而共享参数可以进一步减少可训练和需存储的参数，更具有参数高效性。

　　5. 消融实验

　　下面针对 PSP 模型中包含的两个主要组分（文本内部提示和预训练）进行消融实验，分别证明其有效性，实验结果如表 6.12 所示。

表 6.12　消融实验结果

模型	CNNDM			XSum		
	ROUGE-1	ROUGE-2	ROUGE-L	ROUGE-1	ROUGE-2	ROUGE-L
PSP $_{固定长度-10}$	$38.31_{0.15}$	$15.94_{0.21}$	$25.41_{0.25}$	$32.81_{0.10}$	$11.15_{0.10}$	$25.48_{0.13}$
-预训练	$37.30_{0.56}$	$15.45_{0.39}$	$24.93_{0.38}$	$32.17_{0.16}$	$10.69_{0.13}$	$25.02_{0.21}$
-内部提示	$37.76_{0.28}$	$15.22_{0.31}$	$24.80_{0.40}$	$32.59_{0.17}$	$11.14_{0.17}$	$25.46_{0.24}$
预训练和内部提示	$36.88_{0.42}$	$14.96_{0.45}$	$24.63_{0.40}$	$29.35_{1.5}$	$9.87_{0.43}$	$22.89_{1.19}$

　　表中，"-预训练"表示去掉预训练组分，"-预训练和内部提示"表示仅在编码器和解码器两端引入前置提示，且不进行预训练。从表中的实验结果可以看出，提示预训练操作和文本内部提示组分都对模型效果有很大增益。值得注意的是，移除任何一个组分后，模型除了性能下降外，还会变得不稳定（表现为评测指标的方差变大）。相比之下，提示预训练对于 XSum 数据集的提升更明显，而 XSum 数据集中的摘要抽象程度更高，这表明对于难度较大的摘要任务而言，通过预训练找到更好的提示初始化更为重要。

本 章 小 结

　　本章利用提示学习的方法，不经过任何针对特定任务的微调即可将大规模预训练语言模型应用到下游任务上，控制模型生成特定风格的文本。本章首先介绍了基于离散提示词的提示学习方法，将控制提示词以文本的形式拼接到输入文本的开头以达到控制模型的目的。鉴于基于提示词的控制方法需要研究者精心设计针对特定任务和数据集的文本提示词，耗时耗力，且不一定能找到最优解，本章继续介绍了基于软提示的文本生成控制，将离散的提示词转化为可训练的参数，即通过反向传播算法将特定任务的损失作用到提示词的嵌入上对其进行优化，更利于得到针对特定任务和特定模型的提示。在基于软提示学习方法的基础上，本章提出了一种新颖的"针对少样本生成式摘要的预训练软提示学习框架"——PSP，除了引入编码器端提示、解码器端提示，还设计了文本内部提示，用于帮助模型理解原文的篇章结构，进而更好地控制模型生成目标摘要。文本内部提示的分配主要考虑了三种形式：间隔法、序列法和固定长度法。同时，本章还利用启发式规则构建了伪摘要数据，对所有的提示参数进行预训练，帮助提示参数更好地适应摘要任务。在 CNNDM、XSum 两个数据集上的实验结果证明了文本内部提示和预训练方案的有效性，还针对提示发挥作用的机制进行了多个实验证明分析，包括注意力可视化、对比消融等。

参 考 文 献

[1] BROWN T, MANN B, RYDER N, et al. Language models are few-shot learners [J]. Advances in Neural Information Processing Systems, 2020, 33: 1877-1901.

[2] KESKAR N S, MCCANN B, VARSHNEY L R, et al. CTRL: a conditional transformer language model for controllable generation [J/OL]. (2019-09-20) [2022-05-10]. arXiv. https://arxiv.org/pdf/1909.05858.pdf.

[3] LI X L, LIANG P. Prefix-tuning: optimizing continuous prompts for generation [C]// Proceedings of the 59th Annual Meeting of the Association for Computational Linguistics and the 11th International Joint Conference on Natural Language Processing. Bangkok: ACL/IJCNLP, 2021: 4582-4597.

[4] LIU X, ZHENG Y N, DU Z X, et al. GPT understands, too [J/OL]. (2019-09-20) [2022-05-10]. arXiv. https://arxiv.org/pdf/2103.10385.pdf.

[5] LESTER B, AL-RFOU R, CONSTANT N. The power of scale for parameter-efficient prompt tuning [C]// Proceedings of the 2021 Conference on Empirical Methods in Natural Language Processing. Punta: EMNLP, 2021: 3045-3059.

[6] ZHANG J Q, ZHAO Y, SALEH M, et al. PEGASUS: pre-training with extracted gap-sentences for abstractive summarization [C]// International Conference on Machine Learning. Palermo: PMLR, 2020: 11328-11339.

[7] KINGMA D P, BA J. Adam: a method for stochastic optimization [C/OL]. (2015-06-23) [2022-05-10]. In 3rd International Conference on Learning Representations. San Diego: ICLR. https://arxiv.org/pdf/1412.6980v6.pdf.

[8] LEWIS M, LIU Y, GOYAL N, et al. BART: denoising sequence-to-sequence pre-training for natural language generation, translation, and comprehension [C]// Proceedings of the 58th Annual Meeting of the Association for Computational Linguistics. Seattle: ACL, 2020: 7871-7880.

[9] VASWANI A, SHAZEER N, PARMAR N, et al. Attention is all you need [C/OL]. (2017-12-06) [2022-05-10]. 31st Conference on Neural Information Processing Systems. Long Beach: NIPS. https://arxiv.org/pdf/1706.03762.pdf.

[10] LAMB A, GOYAL A, ZHANG Y, et al. Professor forcing: a new algorithm for training recurrent networks [C/OL]// (2016-10-27) [2022-05-10]. 29th Conference on Neural Information Processing Systems. Barcelona: NIPS. https://arxiv.org/pdf/1610.09038.pdf.

[11] KIRITCHENKO S, MOHAMMAD S. Best-worst scaling more reliable than rating scales: a case study on sentiment intensity annotation [C]// Proceedings of the 55th Annual Meeting of the Association for Computational Linguistics. Vancouver: ACL, 2017: 465-470.